高职高专艺术学门类“十四五”系列教材

装饰工程施工组织与管理

（第二版）

主　编　刘美英　蔺敬跃

副主编　范青青　邹涵辰　张宾芳　谷　燕

華中科技大學出版社

http://press.hust.edu.cn

中国·武汉

内容简介

本书包括基础认知、施工前准备、施工过程管理、竣工验收及收尾四个方面的内容。其中：基础认知包括项目、组织、管理，装饰工程施工对象及任务，装饰工程的特点，装饰工程项目管理，行业相关制度；施工前准备包括组织准备、知识准备、技术准备、材料准备；施工过程管理包括职业健康和安全文明施工管理、进度管理、成本管理、施工质量管理、施工合同管理、施工信息管理；竣工验收及收尾的施工项目必须具备规定的交付竣工验收条件。

图书在版编目(CIP)数据

装饰工程施工组织与管理/刘美英，蔺敬跃主编. —2 版. —武汉：华中科技大学出版社，2023.7
ISBN 978-7-5680-9606-5

Ⅰ.①装… Ⅱ.①刘… ②蔺… Ⅲ.①建筑装饰-工程施工-施工组织 ②建筑装饰-工程施工-施工管理
Ⅳ.①TU767

中国国家版本馆 CIP 数据核字(2023)第 110419 号

装饰工程施工组织与管理(第二版) 刘美英 蔺敬跃 主编
Zhuangshi Gongcheng Shigong Zuzhi yu Guanli(Di-er Ban)

策划编辑：彭中军
责任编辑：史永霞
封面设计：孢 子
责任监印：朱 玢
出版发行：华中科技大学出版社(中国·武汉) 电话：(027)81321913
武汉市东湖新技术开发区华工科技园 邮编：430223
录 排：武汉创易图文工作室
印 刷：武汉科源印刷设计有限公司
开 本：889mm×1194mm 1/16
印 张：10.75
字 数：380 千字
版 次：2023 年 7 月第 2 版第 1 次印刷
定 价：49.00 元

目录

ZHUANGSHI GONGCHENG SHIGONG ZUZHI YU GUANLI

MULU

基础认知 …… (1)

第一部分　施工前准备 …… (19)

第一章　组织准备 …… (20)

第二章　知识准备 …… (23)

第一节　专业知识准备 …… (23)

第二节　法律法规准备 …… (26)

第三章　技术准备 …… (30)

第四章　材料准备 …… (38)

第二部分　施工过程管理 …… (54)

第五章　职业健康和安全文明施工管理 …… (55)

第一节　施工安全管理 …… (55)

第二节　职业健康安全与环境管理 …… (62)

第六章　进度管理 …… (67)

第一节　进度管理的目标和任务 …… (67)

第二节　施工与进度计划的编制 …… (69)

第三节　施工进度控制的措施 …… (78)

第七章　成本管理 …… (81)

第一节　装饰工程计价方法 …… (81)

第二节　装饰工程定额 …… (83)

第三节　装饰工程量清单计价 …… (88)

第四节　装饰工程价款计算 …… (94)

第五节　装饰工程成本管理 …… (97)

第八章　施工质量管理 …… (106)

第一节　施工质量管理和质量控制的基础知识 …… (106)

第二节　施工质量管理体系的建立和运行 …… (108)

第三节　施工质量控制的内容和方法 …… (111)

第四节　施工质量事故处理 …… (134)

第九章　施工合同管理 …… (140)
第一节　施工承发包模式 …… (140)
第二节　施工承包与物资采购合同的内容 …… (142)
第三节　施工合同形式 …… (145)
第四节　施工合同执行过程的管理 …… (147)
第五节　施工合同的索赔 …… (148)
第十章　施工信息和档案管理 …… (154)
第一节　施工信息管理 …… (154)
第二节　施工档案管理 …… (157)
第三部分　竣工验收及收尾 …… (160)
参考文献 …… (166)

基础认知

ZHUANGSHI
GONGCHENG
SHIGONG ZUZHI YU GUANLI

一、项目、组织、管理 ONE

（一）项目

项目作为一个系统，是一个特殊的将被完成的有限任务。它是在一定时间内，利用有限资源满足一系列特定目标的多项相关工作的总称。它可以是建造一栋楼房、装修一套房屋、开发一个新产品、组织一场婚礼、策划一次自驾游等。

项目具有如下基本特征：①明确的目标；②独特的性质；③资源成本的约束性；④项目实施的一次性；⑤项目的不确定性；⑥特定的委托人；⑦结果的不可逆转性。

项目实现包括五个过程：启动过程、规划过程、执行过程、控制过程和收尾过程。

项目实现的标志依次为：质量达到计划标准→按期完成→符合预算→相关人满意→效益。

（二）组织

在人类历史发展过程中，当手工业作坊发展到一定的规模时，其内部需要设置对人、财、物和产、供、销进行管理的职能部门。这样就产生了初级的职能组织结构。它是一种传统的组织结构模式。

组织论是一门学科，也是一门与项目管理学相关的重要基础学科，主要研究系统的组织结构模式、组织分工和工作流程。组织结构模式反映了一个组织系统中各子系统之间或各元素（各工种、部门）之间的指令关系。组织分工反映了一个组织系统中各子系统或各元素的工作任务分工和管理职能分工。

影响项目目标实现的主要因素是组织因素，其次是人的因素及方法和工具。人的因素包括管理人员和施工生产人员的数量和质量；方法和工具包括管理方法和工具以及施工生产的方法和工具。

组织结构模式常用的有两种，即线性组织结构模式和矩阵组织结构模式。线性组织结构来自十分严谨的军事组织系统。在线性组织结构中，每一个工作部门只能对其直接的下属部门下达工作指令，每一个工作部门也只有一个直接上级部门。因此，每一个工作部门只有唯一的指令源，避免由于矛盾的指令而影响组织系统的运行。

在国际上，线性组织结构模式是建设项目管理组织系统的一种常用模式。但在一个特大的组织系统中，线性组织结构模式的指令路径过长，有可能造成组织系统在一定程度上运行的困难。在该组织结构中，每一个工作部门的指令源是唯一的。

矩阵组织结构是一种新型的组织结构模式。在矩阵组织结构的最高指挥者下面设纵向和横向两种不同类型的工作部门。每一项纵向和横向交汇的工作，指令来自纵向和横向两个部门，因此其指令源有两个。

项目的目标决定了项目的组织，而组织是目标能否实现的决定性因素。这是组织论的一个重要结论，即一个装饰工程项目的目标决定其组织，而项目管理的组织是项目目标能否实现的决定性因素。对一个项目的组织结构进行分解，并用图的方式表示，就形成项目组织结构图，或称项目管理组织结构图。通常的装饰公司组织结构图如图 0-1 所示。

（三）管理

科学管理之父——弗雷德里克·温斯洛·泰勒以工人劳动时间和工作方法作为研究对象，于 1911 年出版了《科学管理原理》。他将科学管理理论定义为以下几方面的内容：

(1) 科学管理的中心是提高劳动生产率；

(2) 工时研究与工作定额；

(3) 科学培训与挑选一流的工人；

(4) 标准化；

(5) 实行差别计件工资制；

(6) 彻底的“革命精神”；

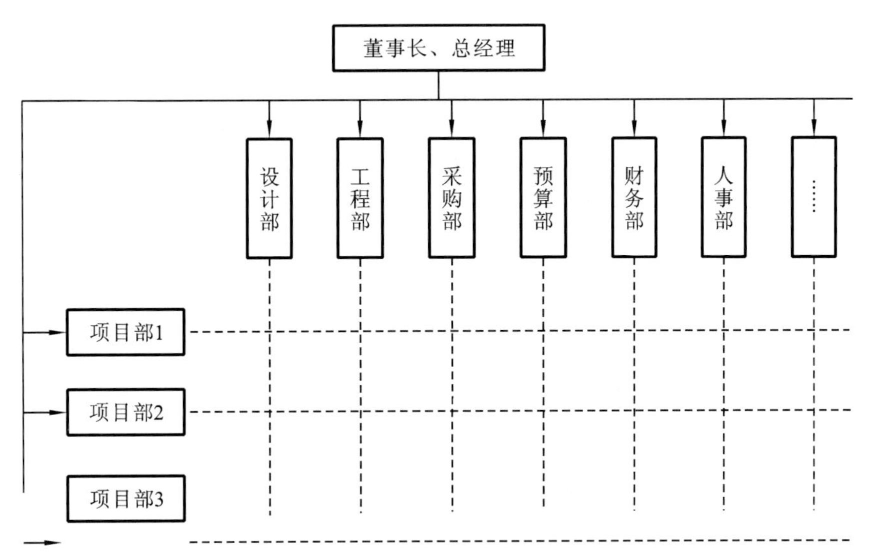

图 0-1　通常的装饰公司组织结构图

(7) 计划职能与执行职能分离;

(8) 职能工长制;

(9) 实行例外原则。

在我国,建设工程管理起步较晚。在工业生产领域,科学管理已经达到了一定的水平,而建设工程领域的科学管理发展相对缓慢一些,其起步来源于一次载入史册的记忆——鲁布革水电站的建设。

鲁布革水电站位于云南省罗平县与贵州省兴义市交界的黄泥河下游河段。1981 年 6 月,国家批准建设装机 60 万千瓦的鲁布革水电站,并将其列为国家重点工程。鲁布革水电站工程由原水利电力部第十四工程局负责施工,开工 3 年后(1984 年 4 月),原水利电力部决定在鲁布革水电站工程中采用世界银行贷款。当时正值改革开放的初期,鲁布革水电站工程是我国第一个利用世界银行贷款的基础建设项目。

根据与世界银行的协议,该工程三大部分之一的引水隧洞工程必须进行国际招标。在中国、日本、挪威、意大利、美国、德国、南斯拉夫、法国 8 国承包商的竞争中,日本大成公司以比其他公司联营体投标价低 3600 万元而中标。大成公司报价 8463 万元,而引水隧洞工程标底为 14 958 万元,比标底低了 43.4%。大成公司派到中国来的仅是一支 30 人的管理队伍,从原水利电力部第十四工程局雇了 424 名工人。1986 年 10 月 30 日,隧洞全线贯通,工程质量优良,工期比合同计划提前了 5 个月。

相比之下,原水利电力部第十四工程局承担的首部枢纽工程由于种种原因,进度迟缓。同样是那拨人,两者的差距为何那么大? 此时,从水电建设企业到中国整个建设领域的人们才意识到这样的奇迹产生于好的机制,高效益来自科学的管理。他们将这种科学的管理方式发展为"项目法施工"。

1987 年 6 月 3 日,时任国务院副总理的李鹏在全国施工工作会议上以"学习鲁布革经验"为题,发表了重要讲话,要求建筑行业推广鲁布革经验。从此,建设工程项目管理在我国飞速发展。

二、装饰工程施工对象及任务　TWO

装饰工程主要是指为了满足建筑物使用功能的要求,在主体结构工程以外进行的装潢和修饰,如门窗、栏杆、楼梯、隔断装潢,墙、柱、梁、顶棚、地面等表面的修饰。

装饰工程施工中,人们习惯把装潢和修饰两者统称为装饰工程,把在建筑设计中随土建工程一起施工的一般装修,称为"粗装修",而把有专业装饰设计,在后期施工的专业装饰以及给排水、电器照明、采暖通风、空调等部件的装饰,称为"精装饰"。

按国家标准《建筑装饰装修工程质量验收标准》(GB 50210—2018)的规定,装饰工程包括的主要内容有抹灰工程、门窗工程、吊顶工程、幕墙工程等11项。但按照建筑装饰行业的习惯,装饰工程一般包括下列11项主要内容。

1. 楼地面饰面工程

楼地面饰面工程主要包括地砖、石材、塑料地板、水磨石地面、木地板、地毡饰面以及特殊构造地面等的施工工程。

2. 墙、柱面工程

墙、柱面工程主要包括天然石材饰面、人造石材饰面、金属板墙柱面、玻璃饰面、玻璃幕墙、复合涂层墙柱面、裱贴壁纸墙柱面、木饰面墙柱面、装饰布饰面墙柱面及特殊性能墙柱面等的施工工程。

3. 吊顶工程

根据骨架和面层的不同,骨架包括轻钢龙骨、木龙骨、铝合金龙骨、复合材料龙骨;面层包括石膏板、木胶合板、矿棉板、吸音板、花纹装饰板、铝合金板条、塑料扣板等。吊顶工程包括骨架工程与面层工程。

4. 门窗工程

门窗工程包括门的工程和窗的工程。门按材料不同可分为木门、钢木门、塑钢门、铝合金门、不锈钢门、装饰铝板门、彩板组合门、防火门、防火卷帘门等;按制作形式不同可分为推拉门、平开门、转门、自动门、弹簧门等。窗按材料不同可分为木窗、铝合金窗、钢窗(实腹、空腹)、塑钢窗、彩板窗;按开关方式可分为平开窗、推拉窗、固定窗、上下翻窗等;按窗玻璃形式不同可分为净片玻璃窗、毛玻璃窗、花纹玻璃窗、有色玻璃窗,以及单层玻璃窗、双层玻璃窗、钢化玻璃窗、防火玻璃窗、热反射玻璃窗、激光中空玻璃窗等。

5. 装饰屋面工程

装饰屋面工程主要包括锥体采光顶棚,圆拱采光顶棚,彩色玻璃钢屋面,彩色镁质轻质板屋面,中空玻璃、夹丝玻璃、夹胶玻璃、钢化玻璃顶棚,有机玻璃屋面及镀锌铁皮屋面等的施工工程。

6. 楼梯及楼梯扶手工程

楼梯及楼梯扶手工程包括楼梯和楼梯扶手两项施工工程。栏板按材料不同分为玻璃栏板、镶贴面板栏板、方钢立柱、铸铁花饰立柱、不锈钢管立柱等;扶手按材料不同分为不锈钢扶手、铝合金扶手、木扶手、黄铜扶手、塑钢扶手等。

7. 细部装饰工程

细部装饰工程包括的内容比较多且繁杂。这里仅列举其中一部分,如不锈钢花饰、铜花饰、木收口条、吊顶木封边条,铝合金洞口、木洞口、卫生间镶镜,不锈钢浴巾杆、毛巾杆,卫生间洗手盆、花岗岩台座,嵌墙壁柜、柚木窗台板、花岗岩窗台板、铝合金窗台板,塑料踢脚板、柚木踢脚板、地砖踢脚板、水泥砂浆表面涂漆踢脚板等。

8. 各种配件

各种配件主要包括窗帘盒、窗帘轨、窗帘、暖气罩、挂镜线、门窗套、门牌、招牌、烟感探测器、消防喷淋头、音响广播器材、舞厅灯光器材等。

9. 灯具

灯具主要包括:普通照明灯具,如日光灯、筒灯等;装饰灯具,如吊灯、吸顶灯、壁灯、台灯、落地灯、床头灯;各种指示灯,如出口灯、安全灯等。

10. 家具

家具的种类多种多样,一般可分为固定式家具和移动式家具两大类。家具主要品种有柜、橱、台、床、桌、椅、凳、茶几、沙发等。

11. 外装饰工程

外装饰工程仅包括玻璃幕墙和复合铝板外墙面的施工工程。周围环境工程有时也会列入装饰工程范围。

三、装饰工程的特点 THREE

装饰工程也是产品，但其不同于一般的工业产品，是一种特殊的产品。

1. 产品的预约性和一次性

装饰工程不像一般的工业产品那样，先生产后交易，只能在施工现场根据建筑结构的不同和使用者对空间的个性化追求等预定条件进行生产，即装饰工程采用的是先交易后生产的预约模式。因此，在产品生产之前需要一系列的保障性程序，如事先需要确定工期、质量及造价等方面的目标，通过招标投标等一系列特有的方式选择设计、施工单位，施工过程中还需要进行必要的监督等。故装饰工程不可能照搬照抄，只能是一次性设计、一次性施工、一次性管理。

2. 产品的固定性和施工生产的流动性

每一个装饰工程都固定在指定的空间内。这意味着施工的内容和程序以完善空间使用性能为目标，会受到一定限制。同时，施工所使用的人工、材料价格都受当时当地物价水平的限制。正是因为产品的固定性，施工生产必然是流动的。这表现为各种生产要素在同一工程上的流动和同一施工人员在不同工程项目上的流动。因此，施工管理具有特殊性。

3. 产品的单一性和复杂性

每一个装饰工程都是在相应土建结构的基础上根据使用者的不同需要确定的，分别通过不同工种，应用不同的装饰材料来实施。在不同的空间达到各种不同的使用要求，只能单独设计、单独生产，不能像一般工业产品那样，同一类型的进行批量生产。其复杂性主要表现在以下几个方面。

(1) 装饰材料品种繁多、规格多样，施工工艺和处理方法各不相同。

(2) 在空间和界面处理上具有较强的技术性和艺术性。

(3) 装修施工是多专业、多工种的综合工艺操作。

(4) 工期短，工程琐碎繁杂，很难将工种绝对划分，要求一工多能。

(5) 施工辅导材料种类多，性能、特点和用途各异。

(6) 工艺要求细致，施工中需要使用多种中小型机具。

(7) 各工种、各工序间关系密切，间隔周期短，要求密切配合。

四、装饰工程项目管理 FOUR

装饰工程项目管理与所有建设工程项目管理一样，实行全寿命周期管理。建设工程项目的全寿命周期包括项目的决策阶段、实施阶段和使用阶段。决策阶段管理工作的主要任务是确定项目的定义。项目实施阶段包括设计前准备阶段、设计阶段、施工阶段、动用前准备阶段、保修阶段。按工作性质和组织特征来分，项目管理分为业主方、设计方、施工方、供货方、建设项目总承包方的项目管理。项目部只需完成项目实施阶段项目管理的相关内容。

（一）装饰工程施工管理的目标和任务

施工方项目管理主要在施工阶段，但也涉及设计前准备阶段、设计阶段、动用前准备阶段和保修阶段。在工程实践中，设计和施工准备往往是交叉进行的，因此，施工方项目管理也涉及设计阶段。

项目管理的核心任务是项目的目标控制。施工方作为项目建设的参与方之一，其项目管理主要服务于项目的整体利益和施工方本身的利益。项目管理的目标包括施工的质量目标、施工的进度目标和施工的费用目标。

施工方项目管理的任务概括为“三控制、四管理、一协调”。“三控制”即施工成本控制、施工进度控制、施工质量控制;“四管理”即施工安全文明管理、施工合同管理、施工信息管理、风险管理等;“一协调”即与施工有关的对内、对外关系的协调。

项目管理是多个环节组成的动态过程,即通常所说的 PDCA 循环,即“计划→执行→检查→处理”不断完善的过程。

(二) 装饰工程施工管理的特点

(1) 装饰工程施工管理是对诸工程协同施工的系统组织管理。

(2) 管理人员是施工的组织者和指挥者,要把握室内装饰的整体效果。

(3) 施工管理人员也是设计和施工的桥梁,其技术水平的高低直接影响装饰工程施工的质量和效益。

(4) 管理工作多且繁杂,包括料具管理,安全、质量、进度管理,组织管理等。

(5) 管理工作包括各种协调工作,包括在施工中听取甲方意见,对工程项目进行修改、增补处理等。

五、行业相关制度 FIVE

(一) 建造师执业资格制度

2002 年 12 月,原人事部、原建设部联合发布了《建造师执业资格制度暂行规定》,明确国家对建设工程项目总承包和施工管理关键岗位的专业技术人员实行执业资格制度。相关人员必须在取得中华人民共和国建造师注册执业证书和执业印章后才能担任施工单位项目负责人并从事相关活动。建造师分为一级建造师和二级建造师。

1. 一级建造师

一级建造师执业资格认定实行统一大纲、统一命题、统一组织的考试制度,由中华人民共和国人力资源和社会保障部、中华人民共和国住房和城乡建设部共同组织实施,原则上每年举行一次考试。考试分综合知识与能力和专业知识与能力两个部分。其中,专业知识与能力部分的考试,按照建设工程的专业要求进行,一级建造师资格考试“专业工程管理与实务”科目设置了 10 个专业类别:建筑工程、公路工程、铁路工程、民航机场工程、港口与航道工程、水利水电工程、市政公用工程、通信与广电工程、矿业工程、机电工程。

凡遵守国家法律、法规,具备下列条件之一者,可以申请参加一级建造师执业资格考试:

(1) 取得工程类或工程经济类专业大学专科学历,从事建设工程项目施工管理工作满 4 年;

(2) 取得工学门类、管理科学与工程类专业大学本科学历,从事建设工程项目施工管理工作满 3 年;

(3) 取得工学门类、管理科学与工程类专业硕士学位,从事建设工程项目施工管理工作满 2 年;

(4) 取得工学门类、管理科学与工程类专业博士学位,从事建设工程项目施工管理工作满 1 年。

参加一级建造师执业资格考试合格,即连续两年内通过“建设工程项目管理”“建设工程法规及相关知识”“建设工程经济”“专业工程管理与实务”4 个科目的考试,由各省、自治区、直辖市人事部门颁发人事部门统一印制,中华人民共和国人力资源和社会保障部、中华人民共和国住房和城乡建设部用印的中华人民共和国一级建造师执业资格证书。该证书在全国范围内有效。

2. 二级建造师

二级建造师执业资格认定实行全国统一大纲,各省、自治区、直辖市命题并组织考试的制度。中华人民共和国住房和城乡建设部负责拟定二级建造师执业资格考试大纲,中华人民共和国人力资源和社会保障部负责审定考试大纲。各省、自治区、直辖市人事部门、建设部门按照国家确定的考试大纲和有关规定,在本地区组织实施二级建造师执业资格考试。二级建造师执业资格考试“专业工程管理与实务”科目设置 6 个专业类别:建筑工程、公路工程、水利水电工程、市政公用工程、矿业工程和机电工程。

凡遵守国家法律、法规并符合下列条件之一的，可报名参加二级建造师全部科目考试：

(1) 具备工程类或工程经济类中专及以上学历并从事建设工程项目施工管理工作满2年；

(2) 具备其他专业中专及以上学历并从事建设工程项目施工管理工作满5年；

(3) 从事建设工程项目施工管理工作满15年。

符合有关报名条件，取得建设行政主管部门颁发的建筑施工二级项目经理资质证书，并符合下列条件之一的，可免试"建设工程项目管理"科目，只参加"建设工程法规及相关知识"和"专业工程管理与实务"2个科目的考试：

(1) 已取得工程类或工程经济类中级及以上专业技术资格；

(2) 具备工程类或工程经济类大学专科及以上学历并从事建设工程项目施工管理工作满15年。

符合有关报名条件，取得建设行政主管部门颁发的建筑施工一级项目经理资质证书，具有中级及以上专业技术资格，或取得一级项目经理资质证书，从事建设工程项目施工管理工作满15年，可免"建设工程项目管理"和"建设工程法规及相关知识"2个科目的考试。

二级建造师执业资格考试合格者，即连续两年内通过"建设工程项目管理""建设工程法规及相关知识""专业工程管理与实务"3个科目的考试，由省、自治区、直辖市人事部门颁发由中华人民共和国人力资源和社会保障部、中华人民共和国住房和城乡建设部统一格式的中华人民共和国二级建造师执业资格证书。该证书在所在行政区域内有效。

3. 建造师注册制度

取得建造师执业资格证书的人员，必须经过注册登记，方可以建造师名义执业。中华人民共和国住房和城乡建设部或其授权的机构为一级建造师执业资格的注册管理机构。省、自治区、直辖市建设行政主管部门或其授权的机构为二级建造师执业资格的注册管理机构。

申请注册的人员必须同时具备以下条件。

(1) 取得建造师执业资格证书。

(2) 无犯罪记录。

(3) 身体健康，能坚持在建造师岗位上工作。

(4) 经所在单位考核合格。

一级建造师执业资格注册，由本人提出申请，由各省、自治区、直辖市建设行政主管部门或其授权的机构初审合格后，报中华人民共和国住房和城乡建设部或其授权的机构注册。准予注册的申请人，由中华人民共和国住房和城乡建设部或其授权的注册管理机构发放由中华人民共和国住房和城乡建设部统一印制的中华人民共和国一级建造师注册证书。二级建造师执业资格的注册办法，由省、自治区、直辖市建设行政主管部门颁发辖区内有效的中华人民共和国二级建造师注册证书，并报中华人民共和国住房和城乡建设部或其授权的注册管理机构备案。建造师经注册后，有权以建造师名义担任建设工程项目施工的项目经理及从事其他施工活动的管理工作。

建造师的执业范围包括以下几个方面。

(1) 担任建设工程项目施工的项目经理。

(2) 从事其他施工活动的管理工作。

(3) 法律、行政法规或国务院建设行政主管部门规定的其他业务。

一级建造师的执业技术能力包括以下几个方面。

(1) 具有一定的工程技术、工程管理理论和相关经济理论水平，并具有丰富的施工管理专业知识。

(2) 能够熟练掌握和运用与施工管理业务相关的法律、法规、工程建设强制性标准和行业管理的各项规定。

(3) 具有丰富的施工管理实践经验和资历，有较强的施工组织能力，能保证工程质量和安全生产。

(4) 有一定的外语水平。

二级建造师的执业技术能力包括以下几个方面。

(1) 了解工程建设的法律、法规、工程建设强制性标准及有关行业管理的规定。

(2) 具有一定的施工管理专业知识。

(3) 具有一定的施工管理实践经验和资历,有一定的施工组织能力,能保证工程质量和安全生产。

按照中华人民共和国住房和城乡建设部颁布的《建筑业企业资质标准》,一级建造师可以担任特级、一级建筑业企业资质的建设工程项目施工的项目经理;二级建造师可以担任二级及以下建筑业企业资质的建设工程项目施工的项目经理。同时,建造师必须接受继续教育,更新知识,不断提高业务水平。

建造师执业资格注册有效期一般为 3 年,有效期满前 3 个月,持证者应到原注册管理机构办理再次注册手续。在注册有效期内,变更执业单位者,应当及时办理变更手续。再次注册者,除应符合《建筑业企业资质标准》第十八条规定外,还需提供接受继续教育的证明。

建造师在工作中,必须严格遵守法律、法规和行业管理的各项规定,恪守职业道德。经注册的建造师有下列情况之一的,由原注册管理机构注销注册:

(1) 不具有完全民事行为能力的;

(2) 受刑事处罚的;

(3) 因过错发生工程建设重大质量安全事故或有建筑市场违法违规行为的;

(4) 脱离建设工程项目施工管理及相关工作岗位连续 2 年(含 2 年)以上的;

(5) 同时在 2 个及以上建筑业企业执业的;

(6) 严重违反职业道德的。

(二) 项目招投标制度

装饰工程分为家居空间装饰工程和公共空间装饰工程两大类。家居空间装饰工程主要是通过业主对多家装饰公司的设计和报价进行对比后确定,而公共空间尤其是大型办公、餐饮、住宿等装饰工程,必须按照行业招投标形式来确定。

在我国,自 2000 年 1 月 1 日起实施《中华人民共和国招标投标法》,规定在中华人民共和国境内进行下列工程建设项目(包括项目的勘察、设计、施工、监理以及与工程有关的重要设备、材料等的采购),必须进行招标:

(1) 大型基础设施、公用事业等关系社会公共利益、公众安全的项目;

(2) 全部或者部分使用国有资产投资或者国家融资的项目;

(3) 使用国际组织或者外国政府贷款、援助资金的项目。

各地区根据情况可以制定更为详细的标准,如江苏省规定,依法必须招标的建设工程项目规模标准如下:

(1) 勘察、设计、监理等服务的采购,单项合同估算价在 30 万元人民币以上的;

(2) 施工合同估算价在 100 万元人民币以上或者建筑面积在 2000 平方米以上的;

(3) 重要设备和材料等货物的采购,单项合同估算价在 50 万元人民币以上的;

(4) 总投资在 2000 万元人民币以上的。

招标分公开招标和邀请招标两种方式。招标人应当根据招标项目的特点和需要编制招标文件。招标文件应当包括招标项目的技术要求、对招标人资格审查的标准、投标报价要求和评标标准等所有实质性要求和条件以及拟签订合同的主要条款。

投标人应当具备承担招标项目的能力,且应根据招标文件编制和提交投标文件。

开标应当在招标人的主持下,在招标文件确定的提交投标文件截止时间的同一时间、招标文件中预先确定的地点公开进行。经评标委员会评标确定中标人。

招标投标是一种特殊的市场交易方式,是采购人事先提出货物工程或服务采购的条件和要求,邀请众多投标人参加投标并按照规定程序从中选择交易对象的一种市场交易行为。也就是说,它是由招标人或招标人委托的招标代理机构通过媒体公开发布招标公告或发出投标邀请书,发布招标采购的信息与要求,邀请潜在的投标人参加平等竞争,然后按照规定的程序和方法,通过对投标竞争者的报价、质量、工期(或交货期)和技术水平等因素进行科学比较和综合分析,从中择优选定中标者,并与其签订合同,以实现节约投资、保证质量和优化配置资源的一种特殊交易方式。

1. 工程招标

所谓工程招标，是指招标人就拟建工程发布公告，以法定方式吸引承包单位自愿参加竞争，从中择优选定承包方的法律行为。通常的做法是，招标人(或业主)将意图、目的、投资限额和各项技术经济要求，以各种公开方式发布，邀请有合法资格的承包单位，利用投标竞争，达到"货比三家""优中选优"的目的。实质上，招标就是通过建筑产品卖方市场由买主(业主)择优选取承包单位(企业)的一种商品购买行为。

1) 工程招标的程序

按照招标人和投标人的参与程度，可将招标过程粗略划分成招标准备阶段和中标成交阶段。工程招投标基本流程如图 0-2 所示。

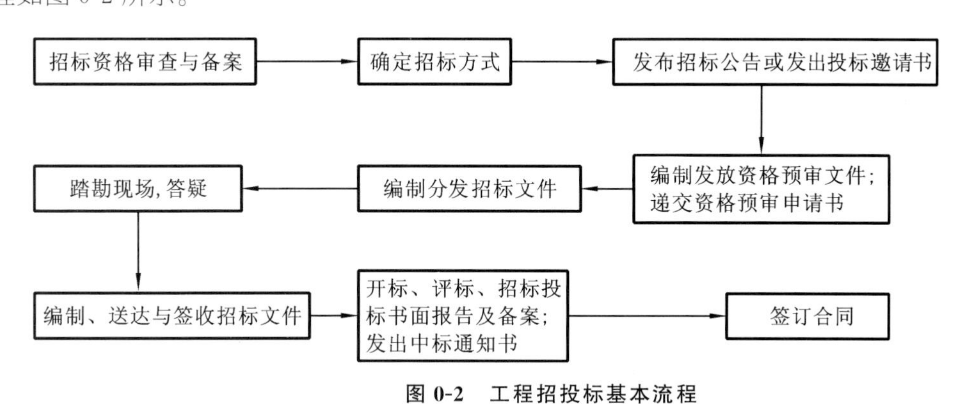

图 0-2 工程招投标基本流程

在中国，依法必须进行施工招标的工程，一般应遵循下列程序。

(1) 招标单位自行办理招标事宜的，应建立专门的招标工作机构。该机构具有编制招标文件、组织招标会议和组织评标的能力，有与工程规模、复杂程度相适应并具有同类工程招标经验、熟悉有关工程招标法律的工程技术、概预算及工程管理的专业人员。如果不具备这些条件，应当委托具有相当资格的工程招标代理机构代理招标。

(2) 招标单位在发布招标公告或发出投标邀请书的 5 日前，向工程所在地县级市以上地方人民政府建设行政主管部门备案，并报送下列材料：

① 按照国家有关规定办理审批手续的各项批准文件；

② 专业技术人员的名单、职称证书或者执业资格证书及其工作经历等的证明材料；

③ 法律、法规、规章规定的其他材料。

(3) 准备招标文件和标底，报建设行政主管部门审核或备案。

(4) 发布招标公告或发出投标邀请书。

(5) 投标单位申请投标。

(6) 招标单位审查申请投标单位的资格，并将审查结果通知申请投标单位。

(7) 向合格的投标单位分发招标文件。

(8) 组织投标单位踏勘现场，召开答疑会，解答投标单位就招标文件提出的问题。

(9) 组建评标组织，制定评标、定标方法。

(10) 召开开标会，当场开标。

开标后，按规定程序组织评标，决定中标单位，根据结果发出中标和未中标通知书，收回发给未中标单位的图纸和技术资料，退还投标保证金或保函。最终，招标单位与中标单位签订施工承包合同。

2) 工程招标的主要方式

(1) 公开招标。

公开招标是指招标人以招标公告的方式邀请不特定的法人或其他组织投标。招标人通过公开的媒体发布招标公告,使所有的符合条件的潜在投标人可以有机会参加投标竞争,招标人从中择优确定中标人。

公开招标的特点如下:一是投标人在数量上没有限制,具有广泛的竞争性;二是采用招标公告的方式,向社会公众明示其招标要求,从而保证招标的公开性。

(2) 邀请招标。

邀请招标是指招标人以投标邀请书的方式邀请特定的法人或者其他组织投标。招标人预先确定一定数量的符合招标项目基本要求的潜在投标人并向其发出投标邀请书,被邀请的潜在投标人参加竞争,招标人从中择优确定中标人。

邀请招标的特点如下:一是招标人邀请参加投标的法人或者其他组织在数量上是确定的。根据《中华人民共和国招标投标法》第十七条规定,招标人采用邀请招标方式的,应当向3个以上具备承担招标项目的能力、资信良好的特定的法人或其他组织发出投标邀请书。二是邀请招标的招标人要以投标邀请书的方式向一定数量的潜在投标人发出投标邀请,只有接受投标邀请的法人或者其他组织才可以参加投标竞争,其他法人或者组织无权参加投标。

(3) 议标。

议标又称"谈判招标",是指招标人直接选定某个工程承包人,通过与其谈判,商定工程价款,签订工程承包合同。由于工程承包人的身份一般在谈判之前就已确定,不存在投标竞争对手,没有竞争,故称之为"非竞争性招标"。

市场经济下建设工程招投标的本质特点是"竞争",而议标方式并不体现"竞争"这一招标投标的本质特点。因此,这种方式并非严格意义上的招标方式,其实只是一种合同谈判,是一般意义上的建设工程发包方式。因此,我国现行法规没有将议标作为招标的方式。

2. 投标

所谓投标,是指响应招标、参与投标竞争的法人或者其他组织,按照招标公告或投标邀请书的要求制作并递送标书,履行相关手续,争取中标的过程。投标是指投标人(或企业)利用报价的经济手段销售自己商品的交易行为。在工程建设项目的投标中,凡有合格资格和能力并愿按招标的意图、愿望和要求条件承担任务的施工企业(承包单位),经过对市场的广泛调查,掌握各种信息后,均可结合企业自身能力,掌握好价格、工期、质量等关键因素,在指定的期限内填写标书、提出报价,向招标者致函,请求承包该项工程。投标人在中标后,也可按规定条件对部分工程进行二次招标,即分包转让。

1) 工程投标的程序

投标既是一项严肃认真的工作,又是一项决策工作,必须按照当地规定的程序和做法,满足招标文件的各项要求,遵守有关法律的规定,在规定的招标时间内进行公平、公正的竞争。为了获得投标的成功,投标必须按照一定的程序进行,才能保证投标的公正性、合理性与中标的可能性。目前,我国各地的工程投标程序基本相同,如图0-3所示,其中列出了投标工作的程序及各个步骤。

2) 资格预审

资格预审(prequalification)是在招标阶段对申请投标人的第一次筛选。其目的是审查投标人的企业总体能力是否满足招标工程的要求,确保所收到的投标书均来自业主所确信的有必要资源和经验的能圆满完成拟建工程的承包商。

资格预审阶段包括资格预审文件的编制、资格预审文件的提交、资格预审申请书的分析评估、选择投标人、通知申请人。资格预审主要是通过表格和信用证明的方法,采用定性比较来选择合乎要求的投标人。一般情况下通过资格预审的单位不应低于五家。

3) 投标报价

投标报价是承包商采取投标方式承揽工程项目时,计算和确定承包该工程的投标总价格的过程。报价是工程投标的核心,是招标人选择中标者的主要依据,也是业主和投标人进行合同谈判的基础。投标报价是影响

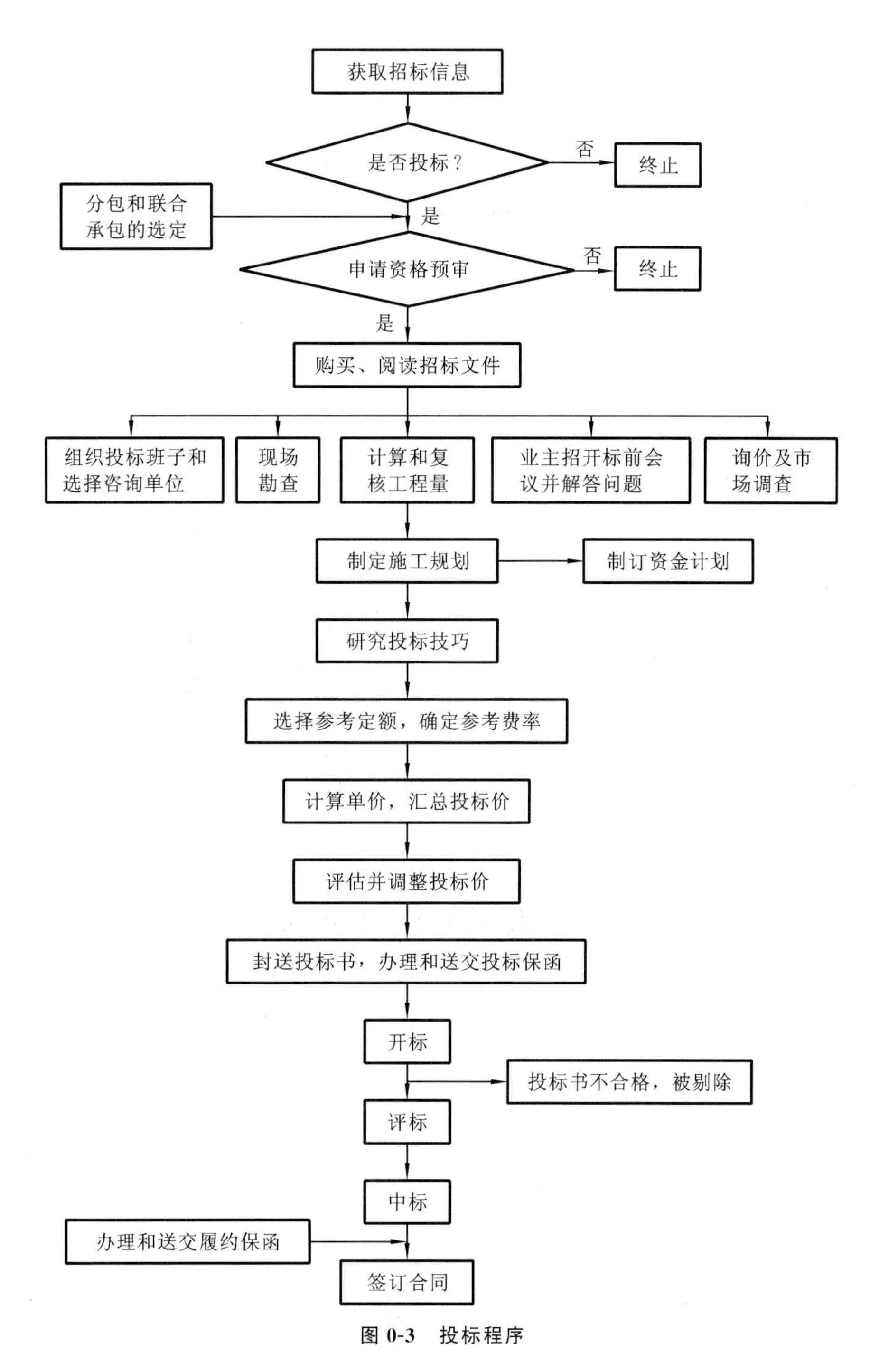

图 0-3　投标程序

投标人投标成败的关键，因此正确合理地计算和确定投标报价非常重要。

3. 开标、评标与定标

开标和评标是招投标工作的决策阶段，是一项非常关键而又细微的综合工作，包括开标、评审投标书、对有偏差的投标书的认定、对投标书的裁定、废标的确定等，其目的是对投标人的投标进行比较，选定最优的投标人。

1）开标

开标是招标人在招标文件规定的时间、地点，在招标投标管理机构的监督下，由招标单位主持当众启封所有投标文件及补充函件，公布投标文件的主要内容和审定的标底（如果有标底的话）的过程。

(1) 开标的时间、地点。

开标应在招标文件确定的投标截止时间的同一时间公开进行,开标地点应在招标文件中预先确定。若变更开标时间和地点,应提前通知投标企业和有关单位。

(2) 开标的参加人员。

开标由招标人或招标代理机构主持,邀请评标委员会成员、投标人代表、公证部门代表和有关单位代表参加。招标人要实现以各种有效的方式通知投标人参加开标,不得以任何理由拒绝任何一个投标人代表参加开标。

(3) 开标的工作内容。

开标的主要工作内容包括:宣读有关无效标和弃权标的规定;核查投标人提交的各种证件、资料;检查标书密封情况并唱标;公布评标原则和评标办法等。

2) 评标

开标之后,就要进入评标阶段了。评标是对各标书的优劣进行比较,以便最终确定中标人。评标工作由评标委员会负责。评标通常要经过投标文件的符合性鉴定、技术评审、商务评审、投标文件澄清与答辩、综合评审、资格后审等几个步骤。

在工程建设项目招标投标中,对评标方法的选择和确定,是非常重要的问题,既要充分考虑到科学合理、公平公正,又要考虑招标项目的具体情况、不同特点和招标人的合理意愿。实践中,经常使用的评标方法主要有单项评议法和综合评估法。建设单位与中标单位签订合同后,中标单位根据合同着手准备施工。

装饰工程种类较多,规模差异大,对于家装工程和部分私有公共空间装饰工程,可以不通过招投标方式确定设计施工单位,而对于大型基础设施、公用事业等关系社会公共利益、公共安全的公共空间装饰工程,以及非私人投资的公共空间装饰工程,必须通过招投标的方式确定设计施工单位。由于各地经济、法规差别较大,各地装饰工程招投标从实施年份到具体细节规定都略有差异。

(三) 施工建设监理制度

实行施工建设监理制度,是国际社会建设领域的惯例,在西方国家有悠久的历史。近年来国际上监理理论迅速发展,监理体制趋于完善,监理活动日趋成熟,无论是政府监理还是社会监理都形成了相对稳定的格局,具有严密的法律规定、完善的组织机构和规范化的方法、手段和实施程序。

1.《工程监理企业资质管理规定》

《工程监理企业资质管理规定》已经 2001 年 8 月 23 日建设部第 47 次常务会议审议通过,8 月 29 日发布并施行。该规定是为了加强对工程监理企业资质管理,维护建筑市场秩序,保证建设工程的质量、工期和投资效益的发挥。主要规定如下:

1) 工程监理企业的设立

新设立的工程监理企业,到工商行政管理部门登记注册并取得企业法人营业执照后,方可到建设行政主管部门办理资质申请手续。新设立的工程监理企业申请资质,应当向建设行政主管部门提供下列资料:①工程监理企业资质申请表;②企业法人营业执照;③企业章程;④企业负责人和技术负责人的工作简历、监理工程师注册证书等有关证明材料;⑤工程监理人员的监理工程师注册证书;⑥需要出具的其他有关证件、资料。

2) 工程监理企业的资质等级

工程监理企业的资质等级分为甲级、乙级和丙级,并按照工程性质和技术特点划分为若干工程类别。

(1) 甲级:

①企业负责人和技术负责人应当具有 15 年以上从事工程建设工作的经历,企业技术负责人应当取得监理工程师注册证书;

②取得监理工程师注册证书的人员不少于 25 人;

③注册资本不少于 100 万元;

④近三年内监理过五个以上二等房屋建筑工程项目或者三个以上二等专业工程项目。

（2）乙级：

①企业负责人和技术负责人应当具有10年以上从事工程建设工作的经历，企业技术负责人应当取得监理工程师注册证书；

②取得监理工程师注册证书的人员不少于15人；

③注册资本不少于50万元；

④近三年内监理过五个以上三等房屋建筑工程项目或者三个以上三等专业工程项目。

（3）丙级：

①企业负责人和技术负责人应当具有8年以上从事工程建设工作的经历，企业技术负责人应当取得监理工程师注册证书；

②取得监理工程师注册证书的人员不少于5人；

③注册资本不少于10万元；

④承担过二个以上房屋建筑工程项目或者一个以上专业工程项目。甲级工程监理企业可以监理经核定的工程类别中一、二、三等工程；乙级工程监理企业可以监理经核定的工程类别中二、三等工程；丙级工程监理企业可以监理经核定的工程类别中三等工程。

2.《建设工程监理范围和规模标准规定》

本规定是2001年1月17日原建设部令第86号颁发的，目的是确定必须实行监理的建设工程项目的具体范围和规模标准，规范建设工程监理活动。《建设工程监理范围和规模标准规定》规定下列几类建设工程必须实行监理：

（1）国家重点建设工程；

（2）大中型公用事业工程（指项目总投资额在3000万元以上的公用事业工程）；

（3）成片开发建设的住宅小区工程；

（4）利用外国政府或者国际组织贷款、援助资金的工程；

（5）国家规定必须实行监理的其他工程。

建设工程监理工作的主要内容包括协助建设单位进行工程项目可行性研究，优选设计方案、设计单位和施工单位，审查设计文件，控制工程质量、造价和工期，监督、管理建设工程合同的履行，以及协调建设单位与工程建设有关各方的工作关系等。

由于建设工程监理工作具有技术管理、经济管理、合同管理、组织管理和工作协调等多项业务职能，因此对其工作内容、方式、方法、范围和深度均有特殊要求。

3. 工程建设监理与政府工程质量监督

工程建设监理与政府工程质量监督都属于工程建设领域的监督管理活动，但是，前者属于社会的、民间的行为，后者则属于政府行为。工程建设监理是发生在项目组织系统范围内的平等主体之间的横向监督管理，而政府工程质量监督则是项目组织系统外的监督管理主体对项目系统内的建设行为主体进行的一种纵向监督管理。因此，两者在性质、执行者、任务、范围、工作依据、深度和广度，以及权限、方法等多方面存在着明显差异。

工程建设监理与政府工程质量监督在性质上是不同的。工程建设监理是一种委托性的服务活动，而政府工程质量监督则是一种强制性的政府监督行为。

工程建设监理的执行者是社会化、专业化的监理单位，而政府工程质量监督的执行者是政府建设行政主管部门的专业执行机构——工程质量监督机构。

工程建设监理是监理单位接受业主的委托和授权为其提供工程技术服务，而政府工程质量监督则是工程质量监督机构代表政府行使工程质量监督职能。

就工作范围而言，工程建设监理的工作范围伸缩性较大，因业主委托范围大小而变化。如果是全过程、全方位的监理，则其范围远远大于政府工程质量监督的范围。此时，工程建设监理包括整个建设项目的目标规划、动态控制、组织协调、合同管理、信息管理等一系列活动，而政府工程质量监督则只限于施工阶段的工程质量监督，且工作范围变化较小，相对稳定。

对于工程质量控制方面的工作，工程建设监理与政府工程质量监督也存在着较大的差别。首先，工作依据不尽相同。政府工程质量监督以国家、地方颁发的有关法律和工程质量条例、规定、规范等法规为基本依据，维护法律、法规的严肃性。而工程建设监理则不仅以法律、法规为依据，而且以工程建设合同为依据；不仅维护法律、法规的严肃性，而且维护合同的严肃性。其次，工作的深度、广度也不相同。工程建设监理所进行的质量控制工作包括对项目质量目标进行详细规划，实施一系列主动控制措施，在控制过程中既要做到全面控制，又要做到事前、事中、事后控制，并需要持续在整个项目建设的过程中进行质量控制，而政府工程质量监督则主要是在项目建设的施工阶段，对工程质量进行阶段性的监督、检查、确认。

（四）工程项目建设管理体制

全面推行建设监理制的重要目的之一就是改革我国传统的工程项目建设管理体制。这种新型的项目建设管理体制就是在政府建设行政主管部门的监督管理之下，由项目业主、承建单位、监理单位直接参加的“三方”管理体制。这种管理体制的建立，使我国工程项目建设管理体制与国际惯例接轨。

这种“三方”管理体制与传统的管理体制相比较，使工程建设的全过程在监理单位的参与下得到科学有效的监督管理，为提高工程建设水平和投资效益奠定基础。三方所谓的“三种关系”，即承建单位与项目业主之间的承发包关系、项目业主与监理单位之间的委托服务关系，以及监理单位与承建单位之间的监理与被监理关系。项目业主、承建单位、监理单位通过这三种关系紧密联系起来，形成一个完整的项目组织系统。这个组织系统在三种关系协调之下的一体化运行所产生的组织效应，将为顺利完成工程项目发挥巨大的作用。

社会监理工作既可以由建设单位委托专业化、社会化的监理单位承担，也可以由建设单位直接派出相对独立的监理组织承担，后者应逐步做到由政府监理机构审查其监理组织的资格。

专业化、社会化的建设监理单位有以下几类。

(1) 专门提供监理服务的建设监理公司或建设监理事务所。它们在工程管理的格局中独立地存在并公开行使职权，不属于业主，也不是承包商的“合伙人”，是发展的主要模式。

(2) 从事工程建设技术和管理的工程咨询公司。

(3) 设计或科研单位组织相对独立和固定的监理班子。

由建设单位直接派出监理组织实施监理这种方式今后应是少量的，主要是规模庞大、技术复杂、建设单位工程技术和管理力量雄厚的大中型工业交通项目采用这种监理方式。大量的工程筹建人员在进行适当培训后，可以由建设单位直接委派进行建设监理，但提倡逐步向专业化、社会化的建设监理单位过渡，承担社会监理任务。

（五）施工企业准入制度

为了加强对从事建筑装饰装修工程设计与施工的企业的管理，维护建筑市场秩序，保证工程质量和安全，促进行业健康发展，结合建筑装饰装修工程的特点，《建筑装饰装修工程设计与施工资质标准》于 2006 年 9 月 1 日起施行。本标准工程范围系指各类建设工程中的建筑室内、外装饰装修工程（建筑幕墙工程除外）；本标准是核定从事建筑装饰装修工程设计与施工活动的企业资质等级的依据；本标准设一级、二级、三级三个级别，其中，一级为最高级别。

依据本标准，工程公司可以分为总承包一级、总承包二级、总承包三级、总承包（无级）、专业承包一级、专业承包二级、专业承包三级、专业承包（无级）、劳务分包一级、劳务分包二级、劳务分包三级和劳务分包（无级）。

1. 一级建筑装饰装修企业

1) 企业资信

(1) 具有独立企业法人资格。

(2) 具有良好的社会信誉并有相应的经济实力，工商注册资本金不少于 1000 万元，净资产不少于 1200 万元。

(3) 近五年独立承担过单项合同额不少于 1500 万元的装饰装修工程（设计或施工或设计施工一体）不少于

2 项;或单项合同额不少于 750 万元的装饰装修工程(设计或施工或设计施工一体)不少于 4 项。

(4) 近三年每年工程结算收入不少于 4000 万元。

2) 技术条件

(1) 企业技术负责人具有不少于 8 年从事建筑装饰装修工程经历,具备一级注册建造师(一级结构工程师、一级建筑师、一级项目经理)执业资格或高级专业技术职称。

(2) 企业具备一级注册建造师(一级结构工程师、一级项目经理)执业资格的专业技术人员不少于 6 人。

3) 技术装备及管理水平

(1) 有必要的技术装备及固定的工作场所。

(2) 有完善的质量管理体系且运行良好,具备技术、安全、经营、人事、财务、档案等管理制度。

2. 二级建筑装饰装修企业

1) 企业资信

(1) 具有独立企业法人资格。

(2) 具有良好的社会信誉并有相应的经济实力,工商注册资本金不少于 500 万元,净资产不少于 600 万元。

(3) 近五年独立承担过单项合同额不少于 500 万元的装饰装修工程(设计或施工或设计施工一体)不少于 2 项;或单项合同额不少于 250 万元的装饰装修工程(设计或施工或设计施工一体)不少于 4 项。

(4) 近三年最低年工程结算收入不少于 1000 万元。

2) 技术条件

(1) 企业技术负责人具有不少于 6 年从事建筑装饰装修工程经历,具有二级及以上注册建造师(注册结构工程师、建筑师、项目经理)执业资格或中级及以上专业技术职称。

(2) 企业具有二级及以上注册建造师(结构工程师、项目经理)执业资格的专业技术人员不少于 5 人。

3) 技术装备及管理水平

(1) 有必要的技术装备及固定的工作场所。

(2) 具有完善的质量管理体系,运行良好,具备技术、安全、经营、人事、财务、档案等管理制度。

3. 三级建筑装饰装修企业

1) 企业资信

(1) 具有独立企业法人资格。

(2) 工商注册资本金不少于 50 万元,净资产不少于 60 万元。

2) 技术条件

企业技术负责人具有不少于 3 年从事建筑装饰装修工程经历,具有二级及以上注册建造师(建筑师、项目经理)执业资格或中级及以上专业技术职称。

3) 技术装备及管理水平

(1) 有必要的技术装备及固定的工作场所。

(2) 具有完善的技术、安全、合同、财务、档案等管理制度。

4. 承包业务范围

(1) 取得建筑装饰装修工程设计与施工资质的企业,可从事各类建设工程中的建筑装饰装修项目的咨询、设计、施工和设计与施工一体化工程,还可承担相应工程的总承包、项目管理等业务(建筑幕墙工程除外)。

(2) 取得一级资质的企业可承担各类建筑装饰装修工程的规模不受限制(建筑幕墙工程除外)。

(3) 取得二级资质的企业可承担单项合同额不高于 1200 万元的建筑装饰装修工程(建筑幕墙工程除外)。

(4) 取得三级资质的企业可承担单项合同额不高于 300 万元的建筑装饰装修工程(建筑幕墙工程除外)。

说 明

(1) 企业申请三级资质晋升二级资质及二级资质晋升一级资质,应在近两年内无违法违规行为,无质量、安全责任事故。

(2) 已取得建筑装饰装修工程设计与施工一体化资质证书的企业，根据中华人民共和国住房和城乡建设部建市〔2015〕102号文，一体化资质证书在有效期届满前继续有效，企业可在资质证书许可范围内开展业务。在资质证书有效期届满60日前申请换发资质证书，按简单换证原则分别换领原一体化资质相应等级的建筑装饰装修专项工程设计资格证书、建筑装饰装修专项工程专业承包企业资质证书，原一体化资质证书交回原发证机关予以注销。资质证书有效期3年。

(3) 新设立企业可根据自身情况申请二级资质或三级资质。

(4) 本标准中工程业绩和专业技术人员业绩指标是指已竣工且验收质量合格的建筑装饰装修工程。

(六) 工程建设其他相关制度

1. 担保制度

担保是指合同当事人双方为了使合同能够得到全面按约履行，根据法律、行政法规的规定，经双方协商一致而采取的一种具有法律效力的保护措施。《中华人民共和国担保法》规定的担保方式有五种，即保证、抵押、质押、留置和定金。

2. 保险制度

保险是一种受法律保护的分散危险、消化损失的经济制度。危险可分为财产危险、人身危险和法律危险。工程保险包括从事危险作业人员意外伤害保险、建筑工程一切险、安装工程一切险和机械保险等种类。

3. 代理制度

代理是指代理人以被代理人的名义，在其授权范围内向第三人做出意思表示，所产生的权利和义务直接由被代理人享有和承担的法律行为，一般包括委托代理、指定代理和法定代理三种。在建筑业活动中，主要发生的代理活动是委托代理。

行为人没有代理权或超越代理权限而进行的“代理”活动，称为无权代理。

思考与练习

一、单选题

1. 关于开标程序的叙述，下列说法正确的是(　　)。

A. 招标人只要通知一定数量的投标人参加开标即可

B. 开标地点应当为招标人与投标人商定的地点

C. 开标由招标人主持，邀请所有投标人参加

D. 招标管理机构作为招标活动的发起者和组织者，应当负责开标的举行

2. 当事人既约定定金，又约定违约金的，一方违约时，对方(　　)。

A. 可以选择违约金或者定金　　B. 只能选择定金

C. 只能选择违约金　　D. 可以按违约金和定金成立的先后顺序，选择前者

3. 下列关于工程建设监理说法不正确的是(　　)。

A. 工程建设监理是属于社会的、民间的行为

B. 工程建设监理的实施者是社会化、专业化的单位

C. 工程建设监理单位接受业主的委托和授权为其提供工程技术服务

D. 工程建设监理是一种强制性的服务活动

4. 项目管理的核心任务是(　　)。

A. 项目的质量控制　　B. 项目的目标控制

C. 项目的成本控制　　D. 项目的安全控制

5. 开标应当在招标文件确定的提交投标文件截止时间的(　　)进行。

A. 同一时间公开　　B. 单独确定时间公开

C. 同一时间秘密　　D. 一定时间内公开

6. 工程项目建设的正确顺序是(　　)。

A. 设计、决策、施工　　B. 决策、施工、设计

C. 决策、设计、施工　　D. 设计、施工、决策

7. 建造师执业资格注册有效期一般为(　　)年。

A. 3　　B. 5　　C. 4　　D. 6

8. 在建筑业活动中,主要发生的代理活动是(　　)。

A. 指定代理　　B. 法人代理　　C. 委托代理　　D. 法定代理

9. 工程造价专业大专毕业,从事工程管理业务工作满(　　)年;工程经济专业大专毕业,从事工程管理业务工作满(　　)年,可以报名参加一级建造师考试。

A. 3、5　　B. 4、6　　C. 5、5　　D. 4、5

10. 取得建造师注册证书的人员是否担任工程项目施工的项目经理,应由(　　)决定。

A. 政府主管部门　　B. 业主　　C. 施工企业　　D. 行业协会

11. 经过审批部门批准应当采用邀请招标方式招标的是(　　)。

A. 涉及国家安全而不适宜公开招标的项目

B. 施工企业自建自用工程,且该施工企业资质等级符合工程要求的项目

C. 拟公开招标的费用与项目的价值相比,不值得公开招标的项目

D. 在建工程追加的附属小型工程,原中标人仍具备承包能力的项目

12. 根据《中华人民共和国招标投标法》,招标人和中标人订立书面合同的时间是(　　)之后起 30 日内。

A. 合同谈判开始　　B. 开标　　C. 评标　　D. 中标通知书发出

13. 项目实现的最高标志为(　　)。

A. 效益　　B. 质量达到计划标准

C. 符合预算　　D. 按期完成

14. 下列关于三级建筑装饰装修企业所需条件错误的说法是(　　)。

A. 具有独立企业法人资格

B. 有必要的技术装备及固定的工作场所

C. 工商注册资本金不少于 50 万元,净资产不少于 60 万元

D. 企业技术负责人具有不少于 2 年从事建筑装饰装修工程经历

15. 影响项目目标实现的主要因素是(　　)。

A. 管理方法　　B. 组织因素　　C. 施工生产的方法　　D. 人的因素

二、多选题

1. 下列属于管理职能的环节是(　　)。

A. 检查　　B. 计划　　C. 决策　　D. 执行　　E. 解决问题

2. 在《科学管理原理》一书中,定义了科学管理理论的内容,包括以下哪几项?(　　)

A. 实行统一计件工资制　　B. 科学的培训与挑选一流的工人

C. 工时研究与工作定额　　D. 标准化

E. 计划与执行职能合并

3. 下列论述不正确的有(　　)。

A. 无效投标文件一律不予以评审

B. 投标文件要提供电子光盘

C. 投标人的投标报价不得高于招标控制价(最高限价)

D. 中标人在收到中标通知书后，如有特殊理由，可以拒签合同协议书

E. 逾期送达的或者未送达指定地点的投标文件，招标人可视情况认定其是否有效

4. 工程保险通常包括（　　）等种类。

A. 人身保险　　B. 机械保险　　C. 建筑工程一切险

D. 安装工程一切险　　E. 从事危险作业人员意外伤害保险

5. 招标人对投标人必须进行的审查有（　　）。

A. 资质条件　　B. 业绩　　C. 信誉　　D. 技术　　E. 资金

6. 担保方式包括（　　）、留置等五种。

A. 定金　　B. 公证　　C. 保证　　D. 质押　　E. 抵押

7. 施工方项目管理任务中的"四管理"包括（　　）。

A. 施工合同管理　　B. 风险管理　　C. 施工进度管理

D. 施工信息管理　　E. 施工安全文明管理

8. 常用的组织结构模式有哪两种？（　　）

A. 点性组织结构　　B. 线性组织结构　　C. 矩阵组织结构

D. 交叉组织结构　　E. 立体组织结构

9. 下列属于装饰工程的特点的是（　　）。

A. 装饰材料品种繁多、规格多样，施工工艺和处理方法各不相同

B. 各工种、各工序间关联较小，间隔周期短，要求密切配合

C. 装修施工是多专业、多工种的综合工艺操作

D. 因为产品的固定性，施工生产必须是流动的

E. 工期短，工程琐碎繁杂，很难将工种绝对划分，要求一工多能

10. 评标活动应遵循的原则是（　　）。

A. 公开　　B. 公正　　C. 低价　　D. 科学　　E. 择优

第一部分 施工前准备

ZHUANGSHI
ZGONGCHENG
SHIGONG ZUZHI YU GUANLI

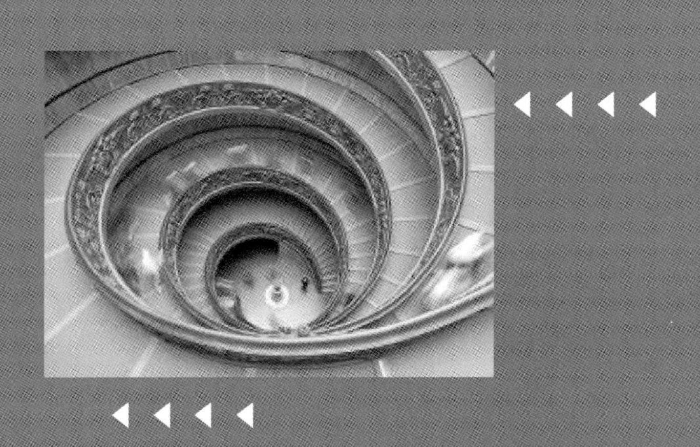

不论是家居空间还是公共空间装饰工程，在正式开工前必须办理装修许可证。装修许可证办理通常要由装修申请者向相关管理部门提供以下材料或办理以下手续：装修申请表；交验房屋所有权证；施工图纸及施工工程项目的内容；公司的营业执照复印件；资质证明；若房屋为租赁的，要提供房屋所有人同意装修的书面意见及租赁合同；承诺如果因装修而造成邻里不能正常使用水电等相关设施的，施工单位要负责维修或赔偿的承诺书；办理白蚁防治手续；交纳一定的管理费及押金；施工人员的身份证、暂住证、务工证等。

第一章

组织准备

办理好装修许可证后，施工单位在确定中标后需要迅速组建项目部，以项目经理为首的项目部负责组织实施施工任务。

一、项目经理就职 ONE

工程项目施工应建立以项目经理为首的生产经营管理系统，实行项目经理负责制。项目经理是企业法定代表人在建设工程项目上的授权委托代理人。项目经理应由法定代表人任命，并根据法定代表人授权的范围、期限和内容，对项目实施全过程、全面管理。项目经理一经任命产生后，双方需签订项目管理目标责任书，如无特殊原因，在项目完成前不宜随意更换项目经理。

在工程投标时，项目经理人选已经确定。项目经理的选择一般有以下三种方式：竞争招聘制、经理委任制以及基层推荐、内部协调制。大中型项目的项目经理必须取得工程建设类相应专业注册执业资格证书。

（一）项目经理的职责

(1) 代表企业实施施工项目管理。

(2) 履行项目管理目标责任书规定的任务。

(3) 组织编制项目管理实施规划。

(4) 对进入现场的生产要素进行优化配置和动态管理。

(5) 建立质量管理体系和安全管理体系并组织实施。

(6) 搞好组织协调，解决项目管理中出现的问题。

(7) 搞好利益分配。

(8) 进行现场文明施工管理，发现和处理突发事件。

(9) 参与工程竣工验收，准备结算资料，分析总结，接受审计。

(10) 处理项目经理部的善后工作。

（二）项目经理的权限

（1）参与项目招标、投标和合同签订。

（2）参与组建项目经理部。

（3）主持项目经理部工作。

（4）决定授权范围内的项目资金的投入和使用。

（5）制定内部计酬办法。

（6）参与选择并使用具有相应资质的分包人。

（7）参与选择物资供应单位。

（8）在授权范围内协调与项目有关的内外部关系。

（9）法定代表人授予的其他权力。

（三）项目经理的利益

（1）获得基本工资、岗位工资和绩效工资。

（2）除按项目管理目标责任书获得奖励外，还可获得优秀项目经理等荣誉称号。

（3）项目经理由于主观原因，或由于工作失误，未完成项目管理目标责任书确定的项目管理目标或造成亏损的，应按其中有关条款承担责任并接受经济或行政处罚。

（四）项目经理的条件

项目经理是装饰企业的法定代表人在工程项目上的委托代理人，在整个施工活动中占举足轻重的地位。

项目经理是协调各方面关系，使之相互密切协作、配合的纽带，是各种信息的集散中心，是工程项目责、权、利的主体，也是完成工程项目的关键。项目经理应具备多方面的素质。

（1）领导素质。项目经理应具有较强的组织能力，需要尽可能满足下列要求：博学多识、明理诚信、团结友爱、知人善任、公道正直、灵活机变。

（2）知识素质。项目经理应具有中专以上相应的学历层次和水平，有一定的艺术修养，懂得装饰设计和施工技术、经营管理知识和法律法规，有一定的材料知识储备，懂得项目管理的规律，具有不断学习的能力。

（3）实践经验。项目经理需要具有丰富的现场施工管理经验和处理紧急状况的能力。

（4）身体素质。项目经理需要有健康的身体，能够应付连续一定时间段的工作和必要的加班。

二、项目经理部进场 TWO

项目经理部应在项目启动前建立，并在项目竣工验收、审计完成后或按合同约定解体。项目经理部的组织结构应根据项目的规模、结构、复杂程度、专业特点、人员素质和地域范围确定。项目经理部是组织设置的项目管理机构，承担项目实施的管理任务和目标实现的全面责任。项目经理部是由项目经理在企业法定代表人授权和职能部门的支持下按照企业的相关规定组建的，是进行项目管理的一次性现场组织机构。

装饰工程项目部需成立相应的施工技术部门、材料采购部门、财务部门、安全管理部门、合同部门等。项目经理部应由项目经理领导，接受组织职能部门的指导、监督、检查、服务和考核，并负责项目资源的合理使用和动态管理。建立项目经理部应遵循下列步骤：

（1）根据项目管理规划大纲确定项目经理部的管理任务和组织结构；

（2）根据项目管理目标责任书进行目标分解与责任划分；

（3）确定项目经理部的组织设置；

（4）确定人员的职责、分工和权限；

（5）制定工作制度、考核制度与奖惩制度。

项目经理部正式运行后，需要明确各部门、各岗位的责任、权利和义务，制定管理职能分工表，使用表格的形式反映项目管理班子内部的组织分工、各工作部门和各工作岗位对各项工作任务的项目管理职能分工。为了编制项目管理任务分工表,应对项目实施的各阶段的费用控制、进度控制、质量控制、合同管理、信息管理和组织与协调等管理任务进行详细分解,在项目管理任务分解的基础上定义项目经理和费用控制、进度控制、质量控制、合同管理、信息管理、组织与协调等主管部门或主管人员的工作任务。

分工明确后,项目经理需组织协调一系列施工准备工作,如知识准备、技术准备、材料准备等。

第二章

知识准备

工程项目管理人员的工作关系到国家和社会公众利益，根据建筑装饰工程管理人员的专业特点和能力要求，不但对其专业素质和身体素质要求较高，而且要求其具有良好的职业道德，同时要求其懂得相关的法律法规，从而使我国建筑装饰施工管理领域更好地服务于国民经济的发展。

第一节　专业知识准备

一、防水工程设计原理　ONE

防水工程主要指饰面防水工程和厨、厕防水工程。其中，饰面防水工程包括墙面防水和楼地面防水。墙面防水方法主要是选用不透水材料装饰或防水材料涂层。楼地面防水通常先做防水层，防水层之上再做面层。防水层在踢脚板处向墙面延伸 120～150 mm，楼地面可以加做保温层以减少或避免冷凝水。厨、厕防水的前提是地表面标高比相邻房间低 30 mm，且坡向地漏，满铺防水层，沿踢脚板处向墙面延伸 150～1000 mm。穿管处做泛水，或沿孔洞以 C20 干硬性细石混凝土灌注捣实，再用两布三涂聚氨酯防水涂料做密封、平整处理。热水管穿板时应做套管。

二、防火工程设计原理　TWO

发生火灾的三大要素是引燃火源(温度)、可燃烧物和助燃的氧化剂(氧气)。建筑物的耐火等级是由房屋主要构件的耐火极限和燃烧性能决定的。根据燃烧性能，建筑构件可分为非燃烧体、燃烧体、难燃烧体和易燃烧体四类。为提高建筑构件，尤其是钢材的耐火极限，室内装饰应多使用防火涂料和防火板。建筑防火构件通常有防火墙、防火门窗、防火幕(帘)、挡火墙、防火板等。

发生火灾时，由于停电，楼梯是垂直疏散的唯一途径。楼梯间必须设避难前室和防火门。防火门应按疏散方向开启。楼梯间装饰不得采用易燃材料，玻璃必须采用防火玻璃。螺旋楼梯不能作为主要的疏散楼梯使用。

常用的消防系统有火灾自动报警系统、自动喷水灭火系统、消火栓和防烟排烟系统。

三、装饰构造设计原理　THREE

室内装饰构造设计的依据是功能要求、经济条件、材料特性和规范法规。装饰装修的功能是保护构件、改善环境、功能适用、美观、协调。

室内线路敷设方式可分为明敷设和暗敷设两种。明敷设是指导线直接或在管子、线槽等保护体内敷设于墙壁、顶棚的表面及桁架、支架等处。暗敷设是指导线在管子、线槽等保护体内敷设于墙壁、顶棚、地坪及楼梯等的内部，或者在混凝土板孔内敷线。

四、建筑结构设计的基本知识 FOUR

建筑荷载是指直接作用在结构上的各种力，有时也称为直接作用荷载。间接作用荷载是指可能引起结构变形的地基不均匀沉降、温度变化、混凝土收缩、地震等。

荷载按照作用时间可划分为永久荷载、偶然荷载和可变荷载。永久荷载数值随时间变化非常小，可以认为其不发生变化，又称为恒载，如建筑物的自重等。偶然荷载在结构设计所考虑的规定期限内不一定发生，但一旦出现，其量值大，作用时间短，如爆炸力、撞击力、龙卷风荷载等。可变荷载数值随时间变化较大，如使用活荷载、风荷载、雪荷载、积灰荷载等。

荷载按照作用方向可分为垂直荷载、水平荷载，按照其作用的动力性能分为静荷载和动荷载。静荷载是指不使结构产生加速度或加速度可以忽略的荷载，如结构自重和积灰等。动荷载是指能使结构产生不可忽略的加速度的荷载，如地震作用等。动荷载对结构的作用通常应采用结构动力学的方法进行分析。室内装饰给原有结构增加的荷载种类较多。

1. 均布面荷载的增加

在建筑物原有的墙面或楼面上增加装饰面层，如铺设木地板、地砖、花岗石、大理石面层，以及吊顶等，都将使所在房间或部位增加一定的均布面荷载。

2. 线荷载的增加

当在建筑物原有的墙面或楼面上增设各种墙体，或在原有墙体上粘贴各种饰面砖，或增设封闭阳台，设置窗户护栏的时候，这些增加的荷载将以线荷载的形式加到相应的部位。

3. 集中荷载的增加

在建筑物原有的屋面或楼面增设承受一定重量的柱子，放置或悬挂较重物品(如洗衣机、冰箱、空调、吊灯等)，将使建筑结构增加相应数值的集中荷载。

4. 施工荷载的增加

施工过程中难免会给建筑结构增加一定数量的施工荷载，如在房间堆放大量的砂石、水泥等建筑装饰材料，还有电动设备的振动对楼面和墙体的撞击等。在设计和施工时，必须了解建筑结构的荷载值，以便将装修荷载控制在允许范围内。如果不确定，应对结构重新进行验算，必要时可以采取相应的加固补强措施。

5. 变动结构增加的荷载

1）变动墙

建筑物的墙体根据其受力特点分为承重墙、非承重墙和联系墙。不得拆除承重墙和联系墙，可以拆除非承重墙，但要经过结构校核。

2）墙体开洞

在承重墙和联系墙上开设洞口，会削弱墙体截面，降低墙体刚度，降低墙体的承载能力。未经结构验算及采取加强措施，是不允许在承重墙上开洞的。

3）楼板或屋面板上开洞开槽

无论开洞还是开槽都会削弱楼板截面，切断或损伤楼板钢筋，因敲击楼板使混凝土松动，降低楼板的承载能力。

4）变动梁

在梁上开洞会削弱梁的截面，降低梁的承载能力，特别是抗震能力。当在原有梁上设置梁、柱、支架等构件时，往往将后加件的钢筋或连接件与原有梁的钢筋焊接，如施工不当，将损伤原有梁的钢筋，降低梁的承载能力和变形能力。如果凿掉原有梁的混凝土保护层而未能采取有效的补救措施，梁的截面会受到削弱，钢筋暴露在大气环境中会逐渐锈蚀。

5）梁下加柱

梁下加柱相当于在梁下增加了支撑点，将改变梁的受力状态，在新增柱的两侧，梁由承受正弯矩变为承受负弯矩，这种变动很危险。

6）梁上增设柱子或梁

此种做法除了可能带来结构问题以外，主要问题是增设的梁或柱将把它们所承受的荷载传递给原有的梁，如果原有梁在设计时未考虑这种荷载，将导致原有梁被破坏。

7）柱子中部加梁

在柱子中部加梁（包括悬臂梁）将改变柱子的受力状态，增加柱子的荷载以及由此荷载引起的内力（包括轴力、弯矩等）。如果不进行必要的结构验算并采用相应的结构措施，盲目地在柱子中部加梁将会引起严重的后果。

6. 房屋增层

房屋增层是对原有结构的根本性变动。房屋增层后即形成一种新的结构体系，要保证新的结构体系的安全，必须进行如下几个方面的结构计算：

（1）验算增层后的地基承载力；

（2）将原结构与增层后的结构看作是一个统一的结构体系，并对此结构体系进行各种荷载作用的内力计算和内力组合；

（3）根据计算结果，验算原结构的承载能力和变形能力；

（4）验算原结构与新结构之间连接的可靠性。

为了消减荷载的作用力，建筑结构通常设置变形缝。变形缝可分为伸缩缝、沉降缝和防震缝。伸缩缝是为了避免温度变化和混凝土收缩应力使房屋构件产生裂缝而设置的。沉降缝是为了避免地基不均匀沉降使房屋构件产生裂缝而设置的。

伸缩缝和防震缝仅将基础以上的房屋分开，而沉降缝一般将房屋连同基础一起分开，在布置变形缝时，可将伸缩缝、沉降缝和防震缝综合起来处理，房屋由变形缝划分成独立的结构单元。当房屋外形复杂或房屋各部分刚度、高度、重量相差悬殊时，在地震力的作用下，由于各部分的自振频率不同，在连接处容易产生推拉挤压，产生附加的拉力、剪力和弯矩，引起震害。防震缝就是为了避免由这种附加应力和变形引起震害而设置的。一般房屋平面凸出部分较长（如 L 形、I 形、T 形、H 形、凹形平面等），房屋有错层且楼面高差较大，或者房屋各部分刚度、高度、重量相差悬殊时，应设置防震缝。

五、室内环境污染控制设计 FIVE

1. 室内环境中的主要污染物

室内环境中的主要污染物包括有机化合物、无机含氮化合物和氧化剂、含硫磷化合物、一氧化碳和二氧化碳、重金属、可吸入颗粒物、微生物和尘螨、噪声、放射性污染等。其中，有机化合物包括甲醛、苯、甲苯和二甲苯、总挥发性有机化合物（TVOC）、甲苯二异氰酸酯等。无机含氮化合物和氧化剂有氨、氮氧化合物、臭氧等。含硫磷化合物包括二氧化硫和硫化氢等。重金属包括铅、铬、镉、汞等。

2. 室内环境中主要污染物的来源

（1）胶合板、细木工板、中密度纤维板和刨花板等人造板中使用的胶黏剂、油漆及添加剂和稀释剂等。

（2）墙布、墙纸、化纤地毯、化纤窗帘、泡沫塑料、空气消毒剂和杀虫剂。

(3) 含碳燃料及有机物的热解过程。

(4) 密封膏、防水材料、天然石材放射性物质等。

六、绿色环保基本知识 SIX

建筑及其环境若能做到有利于综合用能、多能转换、立体绿化、生态平衡、智能运行、弘扬文化、培养素质、持续发展、具有美感、卫生、安全,在不久的将来就可能做到有效地发挥其物质功能和精神功能。这种建筑称为可持续建筑。可持续建筑的含义是在节能、节水、节地、节材的基础上不断向前发展的。

第二节 法律法规准备

一、《中华人民共和国民法典 第三编 合同》 ONE

《中华人民共和国民法典 第三编 合同》中的合同是民事主体之间设立、变更、终止民事法律关系的协议。依法成立的合同,受法律保护。当事人订立合同,可以采用书面形式、口头形式或者其他形式。合同的内容由当事人约定,一般包括下列条款:当事人的姓名或者名称和住所;标的;数量;质量;价款或者报酬;履行期限、地点和方式;违约责任;解决争议的方法。

当事人可以参照各类合同的示范文本订立合同。当事人订立合同,可以采取要约、承诺方式或者其他方式。当事人采用合同书形式订立合同的,自当事人均签名、盖章或者按指印时合同成立。在签名、盖章或者按指印之前,当事人一方已经履行主要义务,对方接受时,该合同成立。法律、行政法规规定或者当事人约定合同应当采用书面形式订立,当事人未采用书面形式但是一方已经履行主要义务,对方接受时,该合同成立。承诺生效的地点为合同成立的地点。合同生效后,当事人就质量、价款或者报酬、履行地点等内容没有约定或者约定不明确的,可以协议补充;不能达成补充协议的,按照合同相关条款或者交易习惯确定。

二、《中华人民共和国节约能源法》和《民用建筑节能条例》 TWO

为了推动全社会节约能源,提高能源利用效率,保护和改善环境,促进经济社会全面协调可持续发展,《中华人民共和国节约能源法》自 1998 年 1 月 1 日起施行,主要是为了加强用能管理,采取技术上可行、经济上合理以及环境和社会可以承受的措施,从能源生产到消费的各个环节,降低消耗、减少损失和污染物排放、制止浪费,有效、合理地利用能源。国家鼓励、支持开发和利用新能源、可再生能源。

本法明确规定建筑工程的建设、设计、施工和监理单位应当遵守建筑节能规定。不符合建筑节能标准的建筑工程,建设主管部门不得批准开工建设;已经开工建设的,应当责令停止施工、限期改正;已经建成的,不得销售或者使用。房地产开发企业在销售房屋时,应当向购买人明示所售房屋的节能措施、保温工程保修期等信息,在房屋买卖合同、质量保证书和使用说明书中载明,并对其真实性、准确性负责。国家采取措施,对实行集中供热的建筑分步骤实行供热分户计量、按照用热量收费的制度。新建建筑或者对既有建筑进行节能改造,应当按照规定安装用热计量装置、室内温度调控装置和供热系统调控装置。具体办法由国务院建设主管部门会同国务院有关部门制定。国家鼓励在新建建筑和既有建筑节能改造中使用新型墙体材料等节能建筑材料和节能设备,安装和使用太阳能等可再生能源利用系统。

《民用建筑节能条例》规定,设计单位、施工单位、监理单位违反建筑节能标准的,由建设主管部门责令改正,处10万元以上50万元以下罚款;情节严重的,由颁发资质证书的部门降低资质等级或者吊销资质证书;造成损失的,依法承担赔偿责任。

施工单位未按照民用建筑节能强制性标准进行施工的,由县级以上地方人民政府建设主管部门责令改正,处民用建筑项目合同价款2%以上4%以下的罚款;情节严重的,由颁发资质证书的部门责令停业整顿,降低资质等级或者吊销资质证书;造成损失的,依法承担赔偿责任。

注册执业人员未执行民用建筑节能强制性标准的,由县级以上人民政府建设主管部门责令停止执业3个月以上1年以下;情节严重的,由颁发资格证书的部门吊销执业资格证书,5年内不予注册。

房地产开发企业违反本法规定,在销售商品房时未向购买人明示所售商品房的能源消耗指标、节能措施和保护要求、保温工程保修期等信息,或者向购买人明示的所售商品房能源消耗指标与实际能源消耗不符的,依法承担民事责任;由县级以上地方人民政府建设主管部门责令限期改正;逾期未改正的,处交付使用的房屋销售总额2%以下的罚款;情节严重的,由颁发资质证书的部门降低资质等级或者吊销资质证书。

三、《中华人民共和国消防法》 THREE

为了预防火灾和减少火灾危害,加强应急救援工作,保护人身、财产安全,维护公共安全,自2009年5月1日起施行《中华人民共和国消防法》。

消防工作贯彻预防为主、防消结合的方针,按照政府统一领导、部门依法监管、单位全面负责、公民积极参与的原则,实行消防安全责任制,建立健全社会化的消防工作网络。任何单位和个人都有维护消防安全、保护消防设施、预防火灾、报告火警的义务。任何单位和成年人都有参加有组织的灭火工作的义务。

各级人民政府应当组织开展经常性的消防宣传教育,提高公民的消防安全意识。机关、团体、企业、事业等单位,应当加强对本单位人员的消防宣传教育。教育、人力资源行政主管部门和学校、有关职业培训机构应当将消防知识纳入教育、教学、培训的内容。

(一)设计施工单位火灾预防

建设工程的消防设计、施工必须符合国家工程建设消防技术标准。建设、设计、施工、工程监理等单位依法对建设工程的消防设计、施工质量负责。对按照国家工程建设消防技术标准需要进行消防设计的建设工程,实行建设工程消防设计审查验收制度。依法应当进行消防验收的建设工程,未经消防验收或者消防验收不合格的,禁止投入使用;其他建设工程经依法抽查不合格的,应当停止使用。

建设工程消防设计审查、消防验收、备案和抽查的具体办法,由国务院住房和城乡建设主管部门规定。公众聚集场所在投入使用、营业前,建设单位或者使用单位应当向场所所在地的县级以上地方人民政府消防救援机构申请消防安全检查。申请人选择不采用告知承诺方式办理的,消防救援机构应当自受理申请之日起十个工作日内,根据消防技术标准和管理规定,对该场所进行消防安全检查。未经消防救援机构许可的,不得投入使用、营业。

禁止在具有火灾、爆炸危险的场所吸烟、使用明火。因施工等特殊情况需要使用明火作业的,应当按照规定事先办理审批手续,采取相应的消防安全措施;作业人员应当遵守消防安全规定。进行电焊、气焊等具有火灾危险作业的人员和自动消防系统的操作人员,必须持证上岗,并遵守消防安全操作规程。

建筑构件、建筑材料和室内装修、装饰材料的防火性能必须符合国家标准;没有国家标准的,必须符合行业标准。人员密集场所室内装修、装饰,应当按照消防技术标准的要求,使用不燃、难燃材料。

(二)使用单位火灾预防

使用单位包括机关、团体、企业、事业等单位,应当履行下列消防安全职责:

(1)落实消防安全责任制,制定本单位的消防安全制度、消防安全操作规程,制定灭火和应急疏散预案;

(2)按照国家标准、行业标准配置消防设施、器材,设置消防安全标志,并定期组织检验、维修,确保完好有效；

(3) 对建筑消防设施每年至少进行一次全面检测，确保完好有效，检测记录应当完整准确，存档备查；

(4) 保障疏散通道、安全出口、消防车通道畅通，保证防火防烟分区、防火间距符合消防技术标准；

(5) 组织防火检查，及时消除火灾隐患；

(6) 组织进行有针对性的消防演练；

(7) 法律、法规规定的其他消防安全职责。

每个单位的主要负责人是本单位的消防安全责任人。同一建筑物由两个以上单位管理或者使用的，应当明确各方的消防安全责任，并确定责任人对共用的疏散通道、安全出口、建筑消防设施和消防车通道进行统一管理。住宅区的物业服务企业应当对管理区域内的共用消防设施进行维护管理，提供消防安全防范服务。

生产、储存、经营易燃易爆危险品的场所不得与居住场所设置在同一建筑物内，并应当与居住场所保持安全距离。生产、储存、经营其他物品的场所与居住场所设置在同一建筑物内的，应当符合国家工程建设消防技术标准。

生产、储存、装卸易燃易爆危险品的工厂、仓库和专用车站、码头的设置，应当符合消防技术标准。易燃易爆气体和液体的充装站、供应站、调压站，应当设置在符合消防安全要求的位置，并符合防火防爆要求。已经设置的生产、储存、装卸易燃易爆危险品的工厂、仓库和专用车站、码头，易燃易爆气体和液体的充装站、供应站、调压站，不再符合上述规定的，地方人民政府应当组织、协调有关部门、单位限期解决，消除安全隐患。生产、储存、运输、销售、使用、销毁易燃易爆危险品，必须执行消防技术标准和管理规定。进入生产、储存易燃易爆危险品的场所，必须执行消防安全规定。禁止非法携带易燃易爆危险品进入公共场所或者乘坐公共交通工具。储存可燃物资仓库的管理，必须执行消防技术标准和管理规定。

电器产品、燃气用具的产品标准，应当符合消防安全的要求。电器产品、燃气用具的安装、使用及其线路、管路的设计、敷设、维护保养、检测，必须符合消防技术标准和管理规定。

任何单位、个人不得损坏、挪用或者擅自拆除、停用消防设施、器材，不得埋压、圈占、遮挡消火栓或者占用防火间距，不得占用、堵塞、封闭疏散通道、安全出口、消防车通道。人员密集场所的门窗不得设置影响逃生和灭火救援的障碍物。

(三) 消防产品与维护

消防产品必须符合国家标准；没有国家标准的，必须符合行业标准。禁止生产、销售或者使用不合格的消防产品以及国家明令淘汰的消防产品。依法实行强制性产品认证的消防产品，由具有法定资质的认证机构按照国家标准、行业标准的强制性要求认证合格后，方可生产、销售、使用。实行强制性产品认证的消防产品目录，由国务院产品质量监督部门会同国务院应急管理部门制定并公布。新研制的尚未制定国家标准、行业标准的消防产品，应当按照国务院产品质量监督部门会同国务院应急管理部门规定的办法，经技术鉴定符合消防安全要求的，方可生产、销售、使用。依照本条规定经强制性产品认证合格或者技术鉴定合格的消防产品，国务院应急管理部门应当予以公布。

负责公共消防设施维护管理的单位，应当保持消防供水、消防通信、消防车通道等公共消防设施的完好有效。在修建道路以及停电、停水、截断通信线路时有可能影响消防队灭火救援的，有关单位必须事先通知当地消防救援机构。

相关概念解释如下。

(1) 消防设施，是指火灾自动报警系统、自动灭火系统、消火栓系统、防烟排烟系统以及应急广播和应急照明、安全疏散设施等。

(2) 消防产品，是指专门用于火灾预防、灭火救援和火灾防护、避难、逃生的产品。

(3) 公众聚集场所，是指宾馆、饭店、商场、集贸市场、客运车站候车室、客运码头候船厅、民用机场航站楼、体育场馆、会堂以及公共娱乐场所等。

(4) 人员密集场所，是指公众聚集场所，医院的门诊楼、病房楼，学校的教学楼、图书馆、食堂和集体宿舍，养老院，福利院，托儿所，幼儿园，公共图书馆的阅览室，公共展览馆、博物馆的展示厅，劳动密集型企业的生产加工车间和员工集体宿舍，旅游、宗教活动场所等。

第三章

技术准备

技术准备是指在正式开展施工作业活动前进行的技术准备工作，也是质量控制的重点。这类工作内容繁多，主要在室内进行，例如：熟悉施工图纸，进行详细的设计交底和图纸审查；进行工程项目划分和编号；细化施工技术方案和施工人员、机具的配置方案，编制施工作业技术指导书，绘制各种施工详图，进行必要的技术交底和技术培训。技术准备的质量控制，包括几个方面：对上述技术准备工作成果进行复核审查，检查这些成果是否符合相关技术规范、规程的要求和对施工质量的保证程度；制订施工组织设计方案，设置质量控制点，明确关键部位的质量管理点。所有技术工作必须具备充足的前提保障。

(1) 建筑装饰装修工程必须进行设计，并出具完整的施工图设计文件。

(2) 承担建筑装饰装修工程设计的单位应具备相应的资质，并应建立质量管理体系。由于设计原因造成的质量问题应由设计单位负责。

(3) 建筑装饰装修工程设计应符合城市规划、消防、环保、节能等有关规定。

(4) 承担建筑装饰装修工程设计的单位应对建筑物进行必要的了解和实地勘察，设计深度应满足施工要求。

(5) 建筑装饰装修工程设计必须保证建筑物的结构安全和主要使用功能。当涉及主体和承重结构改动或增加荷载时，必须由原结构设计单位或具备相应资质的设计单位核查有关原始资料，对既有建筑结构的安全性进行核验、确认。

(6) 建筑装饰装修工程的防火、防雷和抗震设计应符合现行国家标准的规定。

(7) 当墙体或吊顶内的管线可能产生冰冻或结露时，应进行防冻或防露设计。

一、基本数据测量 ONE

房屋实际尺寸直接影响工程施工中人工和材料的实际消耗量，也就直接影响装饰工程造价。所以，在施工前，施工人员必须对所要施工的原始坐标点、基准线和水准点等测量控制点进行复核，并将复核结果上报监理工程师审核。

房屋实际尺寸复核包括对房屋的结构、尺寸、设备、设施等的全面勘察。大型空间需要专业技术人员利用仪器进行复核测量。小型空间只需通过纸、笔、6 m 钢卷尺、靠尺等测量工具及相机，将复核结果标注在设计师绘制的原始结构框架图和原始设备图上，或者将测量数据记录在房屋平面图上，再与设计师测量的数据进行对比看是否有出入。如果没有图纸资料，则必须现场测量后绘制平面草图，并测量记录必要的原始数据，通常包括以下几个方面。

(1) 各个房间的长、宽、高及门、窗、供暖装置的长、宽、高。

(2) 平面尺寸：包括门、窗、墙、柱、浴缸、坐便器，以及洗手盆、灶台、阳台、空调等的平面位置，尤其是坐便器下水口与墙面的距离、地漏具体位置及供暖装置具体位置。

(3) 立面尺寸：包括地板、天花板、窗台、气窗、门、浴缸、坐便器、洗手盆、灶台、阳台、空调等的高度，尤其是上水口与地面的距离、供暖装置具体位置。如果所有门窗的高度都是一样的话，不需要逐幅画出每个房间的立面图,只要记录这些高度即可。

(4) 标注原有水、电、煤气、电视、电话等供应设施的位置,例如开关、电视、电话出线口、煤气表、煤气出气口等离地、离墙角的尺寸。

(5) 如果是旧房装修后继续使用的话,还需记录原有的家具、设备的款式、尺寸、材料、颜色。

对于以上数据,必要时可选择一些重要角度拍摄下来,以便为将来工程验收提供依据。另外,为了保证施工质量,各结构基层表面还需适当目测。

(1) 地面:无论是水泥抹灰还是地砖地面,都需注意其平整度,包括单间房屋以及各个房间地面的整体平整度,如达不到施工要求,需要先做一层找平层,否则将影响地砖或地板的铺装效果。

(2) 墙面:墙面平整度要从三方面来衡量,即两面墙与地面或顶面所形成的立体角应顺直,两面墙之间的夹角要垂直,单面墙要平整,无起伏、无弯曲。

(3) 顶面平整度要求与地面相同。可用灯光试验来查看是否有较大阴影,以检查其平整度。

(4) 门窗:主要查看门窗扇与墙体之间的横竖缝是否均匀及密实。

(5) 厨卫:注意地面是否向地漏方向倾斜;地面防水状况;地面管道(上下水管道及煤气管道、暖水管道)周围的防水状况;墙体或顶面是否有局部裂缝、水渍及霉变;洁具上下水有无滴漏,下水是否通畅;现有洗脸池、坐便器、浴池、洗菜池、灶台等位置是否合理。

二、施工组织设计 TWO

施工组织设计既是投标文件的重要组成部分,又是组织施工的纲领性文件,是以施工项目为对象进行编制的,是对拟建工程施工全过程进行科学管理的重要手段。它使施工中的各单位、各部门、各阶段之间的关系更明确和有效地协调起来,统一规划和协调复杂的施工活动;是指导施工的技术、经济和管理的综合性文件。

施工方案是以分部(分项)工程或专项工程为主要对象编制的施工技术与组织方案,用以具体指导其施工过程。

(一) 施工组织设计的编制对象和范围

装饰工程施工组织设计按编制对象,可分为单位工程施工组织设计和分部分项工程施工方案。

施工方案按编制用途,可分为分部分项施工方案、专项施工方案。专项施工方案有施工临时用电方案、安全专项方案、环境保护专项方案等。

(二) 施工组织设计的编制原则

施工组织设计的编制必须遵循工程建设程序,并应符合下列原则:

(1) 符合施工合同或招标文件中有关工程进度、质量、安全、环境 保护、造价等方面的要求;

(2) 积极开发、使用新技术和新工艺,推广应用新材料和新设备;

(3) 坚持科学的施工程序和合理的施工顺序,采用流水施工和网络计划等方法,科学配置资源,合理布置现场,采取季节性施工措施,实现均衡施工,达到合理的经济技术指标;

(4) 采取技术和管理措施,推广建筑节能和绿色施工;

(5) 与质量、环境和职业健康安全三个管理体系有效结合。

(三) 施工组织设计编制依据

(1) 国家现行有关标准、规范和技术经济指标:现行的施工规范与规程,主要是指国家现行的装饰工程施工及验收规范、操作规程、质量标准、预算定额、施工定额、技术规定等,如《建筑装饰装修工程质量验收标准》(GB 50210—2018)、《建筑地面工程施工质量验收规范》(GB 50209—2010)、《住宅装饰装修工程施工规范》(GB 50327—2001)、《民用建筑工程室内环境污染控制标准》(GB 50325—2020)、《建筑内部装修设计防火规范》(GB 50222—2017)。

(2) 工程所在地区行政主管部门的批准文件、建设单位对施工的要求。

(3) 工程施工合同或招标投标文件。

(4) 工程设计文件及图纸会审资料。

(5) 施工现场水、电、道路、装饰材料渠道等调查资料。

(6) 施工企业的生产能力、机具设备状况、技术水平等。

(四) 施工组织设计编制的内容

施工组织设计应包括编制依据、工程概况、施工部署、施工进度计划、施工准备与资源配置计划、主要施工方法、施工现场平面布置及主要施工管理计划等基本内容。

装饰工程施工组织设计应由施工单位技术负责人或技术负责人授权的技术人员审批;施工方案应由项目技术负责人审批;重点、难点分部(分项)工程和专项工程施工方案应由施工单位技术部门组织相关专家评审,施工单位技术负责人批准。

经过审批的施工组织设计在项目施工过程中,发生以下情况之一时,应及时进行修改或补充:工程设计有重大修改;有关法律、法规、规范和标准实施、修订或废止;主要施工方法有重大调整;主要施工资源配置有重大调整;施工环境有重大改变等。经修改或补充的施工组织设计应重新审批后实施。

(五) 施工组织设计编制的程序

(1) 熟悉施工图纸,会审施工图纸,到现场进行实地调查并搜集有关施工资料。

(2) 计算工程量,必须按分部分项和分层分段分别计算。

(3) 拟订该项目的组织机构以及项目的施工方式。

(4) 拟订施工方案,进行技术经济比较并选择最优施工方案。

(5) 分析拟采用新技术、新材料、新工艺的措施和方法。

(6) 编制施工进度计划,进行方案比较,选择最优方案。

(7) 根据施工进度计划和实际条件编制下列计划:原材料、预制构件、门窗等的需用量计划,列表做出项目采购计划;施工机械及机具设备需用量计划;总劳动力及各专业劳动力需用量计划。

(8) 计算为施工及生活用临时建筑数量和面积,如材料仓库及堆场面积、工地办公室及临时工棚面积。

(9) 计算和设计施工临时供水、供电、供气的用量,确定加压泵等的规格和型号。

(10) 拟订材料运输方案和制订供应计划。

(11) 布置施工平面图,进行各方面比较,选择最优施工平面方案。

(12) 拟定保证工程质量、降低工程成本、确保冬季或雨季施工安全和防火等措施。

(13) 拟定施工期间的环境保护措施和降低噪声、避免扰民等措施。

(六) 案例解析

某大厦位于××省××市中心广场北侧××路中段,是一座以银行业务办公为主体,兼顾餐饮、住宿、娱乐、商业等功能的多功能综合大厦。该大厦由××省勘察设计院设计,××省三建总包,负责土建及设备安装施工,北京×××建筑装饰工程有限公司进行室内外装饰设计与施工。为适应××城市建设发展规划及提高银行的形象,大厦的室内装修档次为四星级标准。

该建筑为框架结构,主楼地上 27 层、地下 2 层,副楼地上 21 层、地下 2 层,总建筑面积 41 000 m^2,大厦的主要设备均选用先进的智能化设备,电话、计算机采用具有世界先进水平的综合布线系统、CPU 系统,提供了与国际国内信息高速公路接轨的条件。

本工程装饰部位是主楼 27 层室内及 1～4 层外立面墙面。首层分为四个区域,即主楼营业区、宾馆区、办公区、商场区;二层为银行主营业厅、银行办公室、代保管业务库、账表库;三层为信息室及电教室、库房、中心计算机房;四层主要是会议室及娱乐区,有舞厅、贵宾室、包厢;五层以上为办公室及套间,大、小会议室等。

本工程自 2015 年 7 月 1 日开工至 2015 年 12 月 30 日竣工,工程总价为 7700 万元。

该项目施工组织设计编制程序如下。

1. 图纸会审

(1) 对照图纸目录,清点新绘图纸的张数及利用标准图的册数。

(2) 装饰设计与基础设计有无矛盾?

(3) 装饰工程设计图纸的设计条件是否与实际相符?使用的设计规范、抗震烈度的确定是否与实际相符?

(4) 各项工程的设计标高、数量、尺寸是否相符?有无错误和遗漏?

(5) 各项设计采用的标准图(定型图)是否齐全、相符?

(6) 建筑、结构、设备安装与装饰之间有无矛盾?

(7) 各项专业图纸相互之间有无矛盾?专业图纸内各图之间、图与统计表之间的规格、强度等级、材质、坐标等重要数据是否一致?

(8) 装饰材料料源、质量、运输方法、施工用水等有无问题?

(9) 各层标高计算是否正确?

(10) 施工总平面图及施工布置是否合理?施工方法是否可行?质量保证措施是否可靠并具有针对性?

(11) 实现新技术项目、特殊工程、复杂设备的技术可行性和必要性。是否有保证工程质量的技术措施?

(12) 工期安排是否满足施工合同工期要求?是否考虑了混凝土的龄期?

2. 编制施工组织设计

装饰工程施工组织设计主要内容如下。

(1) 工程概况。

(2) 施工部署和施工方案。

(3) 施工进度计划和资源需求量计划。

(4) 施工准备工作计划。

(5) 施工现场平面布置图。

(6) 技术措施及计算经济指标。

(七) 施工组织设计编制详解

1. 工程概况

施工组织设计中的"工程概况"是总说明部分,是对拟装饰工程所做的简明扼要、突出重点的文字介绍,要求尽量言简意赅。有时为了弥补文字介绍的不足,还可以附图或采用辅助表格加以说明。在装饰工程施工组织设计中,应重点介绍工程的特点以及与项目总体工程的联系。单位装饰工程施工组织设计的工程概况包含下面三部分内容。

(1) 装饰工程概况:拟装饰工程的建设单位、名称、性质、用途;建筑物的高度、层数,拟装饰的建筑面积,本单位装饰工作的范围、装饰标准、主要装饰工作量、主要房间的饰面材料;设计单位,装饰设计风格,与之配套的水、电、风主要项目,开工、竣工时间等。

(2) 建筑地点的特征:主要介绍拟装饰工程的位置、地形、环境、气温、冬雨季施工时间、主导风向、风力大小等。如本项目只是承接了该建筑的一部分装饰,则应注明拟装饰工程所在的层、段。

(3) 施工条件(包括装饰现场条件)、材料成品和半成品、施工机械、运输车辆、劳动力配备和企业管理等情况。

2. 施工部署

施工部署是对相应工程全局性的重大战略部署做出决策,通常包括如下内容。

(1) 确定工程开展程序。

(2) 施工任务划分与组织安排:明确施工项目管理体制、机构,划分各参与施工单位的任务,确定综合的和专业化的施工组织,划分施工阶段。

(3) 施工方案(包括机械化施工方案)的拟订:确定施工机械的类型和数量,选择辅助配套或运输机械,所选机械化施工方案应是技术上先进、经济上合理。

(4) 施工准备工作计划:拟订场内外运输方案,施工用道路、水、电、气来源及其引入方案,场地的平整方案和全场性的排水、防洪方案,规划和修建附属生产基地,建立现场测量控制网,对新结构、新材料、新技术组织试制和实验,编制施工组织设计,研究制定可靠的施工技术措施。

3. 施工方案

经过技术、经济比较后选择最优施工方案,包括拟采用的新技术、新材料、新工艺的措施和方法。在每一份施工组织设计中,该部分内容都需根据项目具体情况详细编制。

4. 施工进度计划

施工进度计划及资源需求量计划是在选定的施工方案的基础上,确定单位工程的各个施工过程的施工顺序、施工持续时间、相互配合的衔接关系及各种资源的需求情况。施工进度计划编制是否合理、优化,反映了投标和施工单位施工技术水平和施工管理水平的高低。

1) 施工进度计划的编制依据

(1) 业主提供的总平面图,单位工程施工图及地质、地形图,工艺设计图,采用的各种标准图纸及技术资料。

(2) 施工工期要求及开工、竣工日期。

(3) 施工条件,劳动力、材料、构件及机械的供应情况,分包单位情况。

(4) 确定的重要分部分项工程的施工方案,包括施工顺序、施工段划分、施工起点和流向及质量管理措施。

(5) 劳动定额及机械台班定额。

(6) 招标文件的其他要求。

2) 施工进度计划的编制步骤

(1) 划分施工过程。

(2) 计算工程量,查相应定额。工程量计算单位要与现行定额手册中所规定的计量单位一致,结合选定的施工方法和安全技术要求计算工程量,按照施工组织要求,分区、分段、分层计算工程量。

(3) 确定劳动量和机械台班数量:根据计算的分部分项工程量 q 乘以相应的时间定额或产量定额,计算出各施工过程的劳动量或机械台班数 p。若 s、h 分别表示该分项工程的产量定额和时间定额,则有:

$$p=q\times s\text{(工日、台班)} \quad \text{和} \quad p=q\times h\text{(工日、台班)}$$

(4) 计算各分部分项工程施工天数。

计算方法通常有反算法和正算法两种。反算法即根据合同规定的总工期和本企业的施工经验,确定各分部分项工程的施工时间,按各分部分项工程需要的劳动量或机械台班数量,确定每一分部分项工程每个工作台班所需要的工人数或机械数量。计算公式为:

$$t=q/(s\times n\times b)$$

式中:q——分部分项工程量;

n——所需工人数或机械数量;

t——要求的工期;

s——分项工程产量定额;

b——每天工作的班次。

【例 1-1】 某工程为铺设地砖 1800 平方米,已知地砖产量定额为 3 平方/工日,按照每天一班作业,要求 15 天完成,计算需要安排的最少工人数量。

解 根据公式 $t=q/(s\times n\times b)$,已知 $t=15$,$q=1800$,$s=3$,$b=1$,求 $n=?$

$$n=q/(t\times s\times b)=1800/(15\times 3\times 1)=40\ \text{工日}$$

正算法:按计划配备在各分部分项工程上的施工机械数量和各专业工人数确定工期。

$$t=q/(s\times n\times b)$$

式中:q——分部分项工程量;

n——所需工人数或机械数量；

t——要求的工期；

s——分项工程产量定额；

b——每天工作的班次。

【例 1-2】 某工程为铺设地砖 1800 平方米，已知地砖产量定额为 3 平方/工日，按照每天一班作业，每班安排 20 人，计算需要多少天完成该项工程。

解 根据公式 $t=q/(s\times n\times b)$，已知 $n=20$，$q=1800$，$s=3$，$b=1$，求 $t=?$

$$t=q/(s\times n\times b)=1800/(3\times 20\times 1)=30\text{ 天}$$

(5) 绘制施工进度计划表(见表 1-1)。

3) 施工进度计划初步方案

(1) 划分主要施工阶段，组织流水施工，安排主导施工过程的施工进度，使其尽可能连续施工。

(2) 按照工艺的合理性和工序间尽量穿插、搭接或平行作业方法，得到单位工程施工进度计划的初步方案。

4) 施工进度计划的检查与调整

(1) 对施工进度计划的顺序、平行搭接及技术间歇是否合理进行检查并初步调整。

(2) 对编制的工期是否满足合同规定的工期要求进行检查并初步调整。

(3) 对劳动力及物资支援是否能连续、均衡施工等方面进行检查并初步调整。通过调整，在满足工期要求的前提下，使劳动力、材料、设备需要趋于均衡，主要施工机械利用率比较合理。

单位工程施工进度计划应按照施工部署的安排进行编制。施工进度计划可采用横道图或网络图表示，并附必要说明；对于工程规模较大或较复杂的工程，宜采用网络图表示。

5. 施工准备与资源配置计划

施工准备包括技术准备、现场准备和资金准备等。

(1) 技术准备：包括施工所需技术资料的准备和施工方案编制计划、试验检验及设备调试工作计划、样板制作计划等的制订。

① 主要分部(分项)工程和专项工程在施工前应单独编制施工方案，施工方案可根据工程进展情况，分阶段编制完成；对需要编制的主要施工方案应制订编制计划。

② 试验检验及设备调试工作计划应根据现行规范、标准中的有关要求及工程规模、进度等实际情况制订。

③ 样板制作计划应根据施工合同或招标文件的要求并结合工程特点制订。

(2) 现场准备：根据现场施工条件和工程实际需要，准备现场生产、生活等临时设施。

(3) 资金准备：根据施工进度计划编制资金使用计划。

6. 施工现场平面布置图

施工现场平面布置图通常采用的比例为 1∶200 至 1∶500。设计的依据主要如下。

(1) 建筑总平面图及施工场地的地质、地形。

(2) 工地及周围生活、道路交通、电力电源、水源等情况。

(3) 各种建筑材料、预制构件、半成品、建筑机械的现场存储量及进场时间。

(4) 单位工程施工进度计划及主要施工过程的施工方法。

(5) 现有可用的房屋及生活设施，包括临时建筑物、仓库、水电设施、食堂、锅炉房、浴室等。

(6) 一切已建及拟建的房屋和地下管道，对于影响施工的，应提前拆除。

施工现场平面布置图如图 1-1 和图 1-2 所示。

表 1-1　施工进度计划表

分部工程	编号	分项工程	持续时间/天	每天劳动力/人
首层大玻璃安装	1	度量尺寸、备料、加工运输	50	
	2	测量放线	8	2
	3	安装预埋件	8	5
	4	钢结构门头安装、防锈	16	5
	5	玻璃安装、打胶	19	5
	6	玻璃清洁	4	2
	7	自检及补工	10	2
	8	总验收	1	3
二至六层窗玻璃安装	1	测量放线	2	2
	2	安装上下槽并校核	6	2
	3	玻璃安装、打胶	10	4
	4	玻璃清洁	1	6
	5	自检及补工	10	2
	6	总验收	1	3

进度日期：6月 20 22 24 26 28 30；7月 2 4 6 8 10 12 14 16 18 20 22 24 26 28 30；8月 1 3 5 7 9 11 13 15 17 19

劳动力/人：14 12 10 8 6 4 2 0

劳动力动态曲线

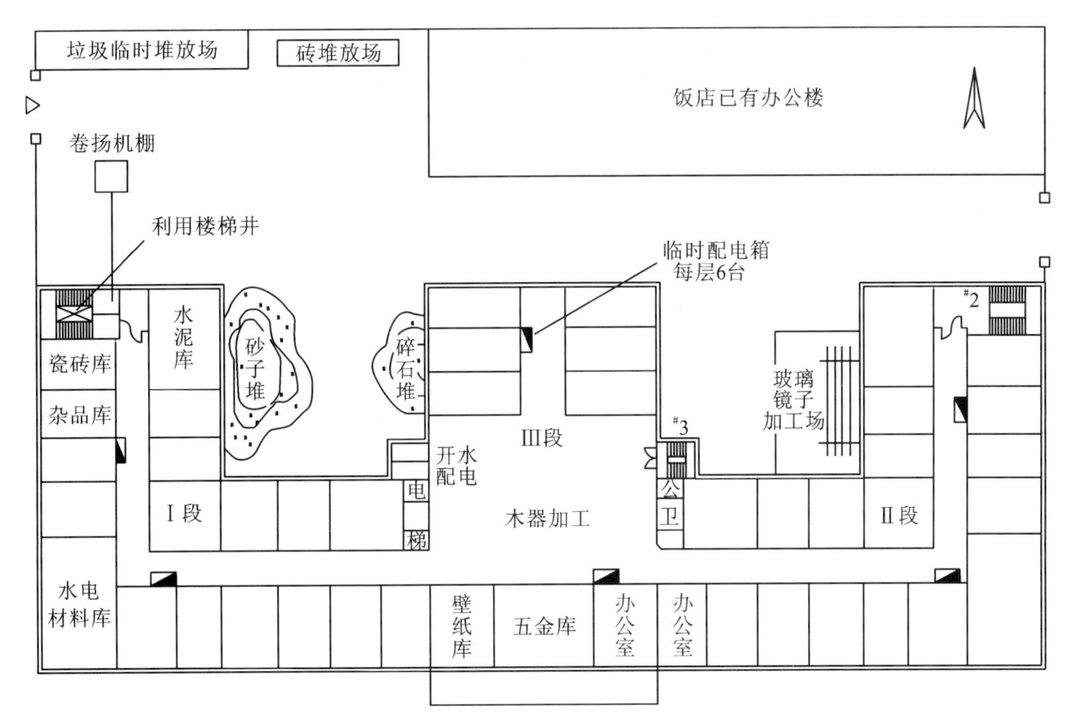

图 1-1 施工现场平面布置图一

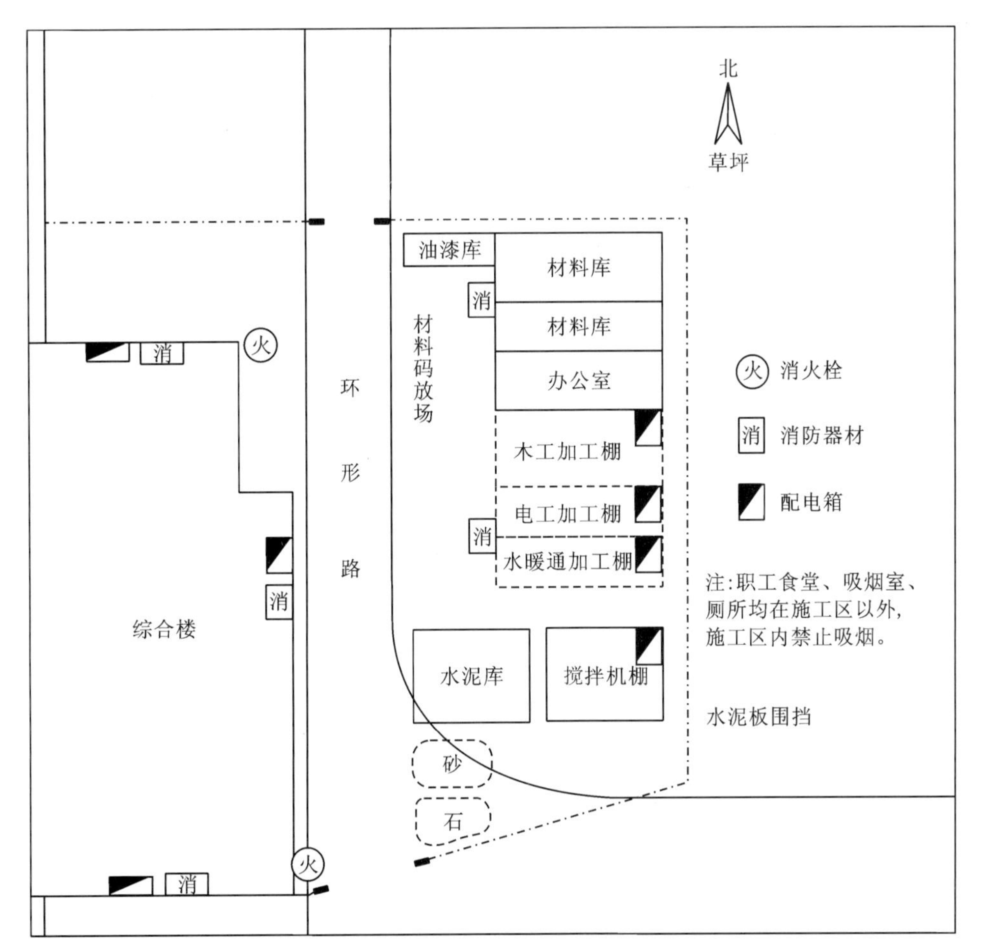

图 1-2 施工现场平面布置图二

第四章

材料准备

室内装饰常用材料有水泥、砂浆、石灰、建筑石膏、玻璃、砖、金属、木材、塑料、石材、涂料、陶瓷、密封材料等。

一、装饰材料相关规定 ONE

(1) 装饰装修工程所用材料的品种、规格和质量应符合设计要求和国家现行标准的规定。当设计无要求时,应符合国家现行标准的规定。严禁使用国家明令淘汰的材料。

(2) 装饰装修工程所用材料的燃烧性能应符合现行国家标准《建筑内部装修设计防火规范》(GB 50222—2017)、《建筑设计防火规范》(GB 50016—2014)的规定。

(3) 装饰装修工程所用材料应符合国家有关建筑装饰装修材料有害物质限量标准的规定。

(4) 所有材料进场前应对品种、规格、外观和尺寸进行验收。材料包装应完好,应有产品合格证书、中文说明书及相关性能的检测报告;进口产品应按规定进行商品检验。

(5) 进场后需要进行复验的材料种类及项目应符合相关规范的规定。同一厂家生产的同一品种、同一类型的进场材料应至少抽取一组样品进行复验,当合同另有约定时,应按照合同执行。

(6) 当国家规定或合同约定应对材料进行见证检测时,或对材料的质量发生争议时,应进行见证检测。

(7) 承担装饰装修材料检测的单位应具备相应的资质,并应建立质量管理体系。

(8) 装饰装修工程所使用的材料在运输、储存和施工过程中,必须采取有效措施防止损坏、变质和污染环境。

(9) 装饰装修工程所使用的材料应按设计要求进行防火、防腐和防虫处理。

(10) 现场配制的材料如砂浆、胶黏剂等,应按设计要求或产品说明书配制。

二、装饰材料及用量计算 TWO

(一) 板块料

楼地面板块料主要包括陶瓷类和石材类两种,如陶瓷地砖、陶瓷锦砖以及预制水磨石板、大理石板、花岗岩板等。其优点是花色品种多样,可供选择的图案丰富;强度高,刚度大,经久耐用,易于保持清洁;施工速度快,湿作业量少。因此其应用十分广泛。其缺点是造价偏高,工效偏低,弹性、保温、消音等性能较差。

大理石具有斑驳纹理,色泽鲜艳美丽,晶粒细小,结构致密,抗压强度高,吸水率低,抗风化能力较差,硬度比花岗岩小,所以可加工能力强,易于雕琢磨光,一般用于大堂、客厅等楼地面和墙柱面的装饰。放射性达标的花岗岩,经常用于墙地面和台阶等部位的装饰。而人造石材以其特有的性能和环保特点越来越多地应用于室内装饰。

地砖常用于人流较密集的建筑物内部地面,如住宅、商店、宾馆、医院及学校等建筑的厨房、卫生间和走廊的地面。

1. 地砖的特点

(1) 吸水率低,红地砖吸水率不大于8%,其他各色地砖均不大于4%。

(2) 抗冲击强度高,30 g钢球从30 cm高处落下6~8次,地砖不会被破坏。

(3) 热稳定性好,自150 ℃冷至(19±1) ℃,循环3次,无裂纹。

(4) 由于地砖采用难熔黏土烧制而成,故其质地坚硬,强度高(抗压强度为40~400 MPa),耐磨性好,硬度高,耐磨蚀,抗冻性强。

2. 陶瓷地砖的分类

陶瓷地砖是以优质陶土为原料,加以添加剂,经制模成型高温烧制而成。陶瓷地砖表面平整,质地坚硬,耐磨强度高,行走舒适且防滑,耐酸碱,可擦洗,不褪色变形,色彩丰富,用途广泛。陶瓷地砖规格品种繁多,分亚光、釉光、抛光三类。

近几年来,陶瓷地砖产品正向着大尺寸、多功能、豪华型的方向发展。从产品规格角度看,近年出现了许多边长在500 mm左右,甚至大到1000 mm的大规格地砖,使陶瓷地砖的产品规格靠近或符合铺地石材的常用规格。

陶瓷地砖规格、花色多样,常见的有玻化砖和锦砖。

1) 玻化砖

玻化砖是随着建筑材料烧结技术的不断发展而出现的一种新型高级地砖。它表面具有玻璃般的亮丽质感,可制作出花岗岩、大理石的自然质感和纹理,其质地密实坚硬,具有高强度、高光亮度、高耐磨度,吸水率低,耐酸碱性强,不留污渍,易清洗,长年使用不变色。板面尺寸精确,色泽均匀柔和,易于加工,适合各种场所的墙面、地面装饰。常用规格有300 mm×300 mm、300 mm×450 mm、600 mm×600 mm、800 mm×800 mm,厚度为10~18 mm。玻化砖如图1-3所示。

2) 锦砖

锦砖分为陶瓷锦砖和玻璃锦砖两种。

陶瓷锦砖俗称马赛克,是以优质瓷土烧制成的小块瓷砖,按表面性质分为有釉和无釉两种,目前各地的产品多无釉。产品边长小于40 mm,又因其有多种颜色和多种形状,拼成的图案似织锦,故称作锦砖(什锦砖的简称)。锦砖按一定图案反贴在宽度为305.5 mm的正方形牛皮纸上,组成一联或一张。陶瓷锦砖具有抗腐蚀、耐磨、耐火、吸水率低、强度高以及易清洗、不褪色等特点,可用于工业与民用建筑的清洁车间、门厅、走廊、卫生间、餐厅及居室的内墙和地面装修,并可用来装饰外墙面或横竖线条等处。施工时可以不同花纹和不同色彩拼成多种美丽的图案。

玻璃锦砖又称玻璃马赛克,是将石英砂和纯碱与玻璃粉按一定比例混合,加入辅助材料和适当的颜料,经1500 ℃高温熔融压制成一种乳浊制品,最后经工厂将单块玻璃锦砖按图案、尺寸反贴于牛皮纸上的一种装饰材料。玻璃锦砖具有较高的强度和优良的热稳定性,具有表面光滑、不吸水、抗污染、历久常新的特点,其用途较陶瓷锦砖更为广泛,是一种很好的饰面材料。

锦砖如图1-4所示。

3. 板块料用量计算

$$板块料用量=房间面积/(板块料长×宽)×(1+损耗率)$$

其中,损耗率与房间面积、地面拼花复杂程度和单块板块料面积有关。

【例1-3】 一房间长8 m,宽5 m,试计算铺装600 mm×600 mm地砖的用量。

解

$$S_{房}=8\ m×5\ m=40\ m^2$$

$$S_{砖}=0.6\ m×0.6\ m=0.36\ m^2$$

600 mm×600 mm地砖损耗率以2%计算,

$$地砖用量=40\ m^2/0.36\ m^2×(1+2\%)块=113.33块≈114块$$

图 1-3　玻化砖

图 1-4　锦砖

（二）竹木地板

竹木地板经常用在中高级的民用建筑或有较高清洁和弹性要求的场所，例如住宅空间中的客厅和卧室、托儿所和幼儿园的活动室、宾馆客房、剧院舞台、计量室以及精密仪器车间等。

竹木地板的特点主要如下。

(1) 质感特别。作为地面材料，坚实而富弹性，冬暖而夏凉，自然而高雅，舒适而安全。

(2) 装饰性好。色泽丰富，纹理美观，装饰形式多样。

(3) 物理性能好。有一定硬度，但又具有一定弹性，绝热绝缘，隔音防潮，不易老化。

除有着独特的装饰效果外，竹木地板也有着一定的缺点，在使用中应当注意。如竹木地板本身不耐腐、不耐火，需进行一定处理后才能用于室内；干缩湿胀性强，处理与应用不当时易产生开裂变形，保护和维护要求较高。

1. 竹木地板的质量鉴别

竹木地板有着独特的装饰效果，但也有着一定的缺点，在对竹木地板进行质量鉴别时，一般应从以下几个方面考虑。

1) 地板的用材

地板的用材是鉴别地板档次和价格最重要的方面，应考虑如下一些因素。

(1) 木材的树种、来源和产地。名贵树种和普通树种的性能当然不在同一档次，即使是同一树种，由于产地不同，质地也有相当大的差别。

(2) 色泽。自然界色差不大的木材并不多见，即使同一棵树，心材到边材往往也存在较大色差。竹地板受到许多人的垂青，其较为一致的淡黄色泽是原因之一。

(3) 花纹。由于地面的特殊视觉效应，地板的花纹宜小不宜大，宜浅不宜深，宜直不宜曲，宜规则不宜乱。因此，从大部分人的喜好角度看，径向条纹优于山水纹，点状花纹优于大片花纹。

(4) 质地。地板的脚感、软硬、弹性、粗细、光洁等构造上的性质也代表着质量的高低，细腻而光洁的地板一般材质较好。

(5) 材料的处理方式。经过水热处理或其他方式处理以保持尺寸稳定的地板质量较高。同时，地板的干燥方式和含水率也是非常重要的质量鉴别因素。

上述的鉴别方式大多数为实木地板的鉴别方式，如果是复合地板或人造板地板，则应当注意看地板所采用的基材，一般来说，采用的基材胶合板优于中密度纤维板，中密度纤维板又优于刨花板。

2) 地板的外观缺陷

木材是天然生长的装饰材料，木地板的外观通常会有瑕疵。

(1) 节疤。木材容易生长节疤,节疤有死节、活节,死节强度极低,色泽发黑,显然是不允许的。活节有时并不影响外观,反而带有花纹的性质,但是节疤过多,会在地面上显出凌乱的感觉,所以要看节疤的多少和节疤的大小。

(2) 腐朽。腐朽分内腐和外腐,外腐显然是经不起鉴别的,但内腐往往不易被发现,可以通过敲击、试重来估计。内腐的地板敲击声沉闷,重量较轻。

(3) 裂纹。裂纹有透裂、丝裂、内裂、外裂等。实木地板、人造板地板、复合地板都可能出现这样的缺陷。大的裂纹一般都是不允许的。

(4) 虫孔。虫孔直径大或分布多而面积大,自然会影响外观,但直径小且分布均匀,则有一种天然的特殊装饰效果。

(5) 色变。陈放、处理和加工的不同会引起地板基材或地板产品的色变。色变一般是局部的,而且颜色和色差也不尽一致,这自然会影响外观。如果色变的颜色和色差是一致的,则对地板是一种装饰,可以起到美化外观的作用。

3) 主要物理力学性能

竹木地板的物理力学性能直接影响到地板的使用效果和使用寿命,有以下一些性能或指标可以用来鉴别其质量。

(1) 干缩湿胀。干缩湿胀是木材的天生本性,作为地板材料,这种性质是其弱点之一,选择和处理不当会严重影响使用效果。各种木质材料的干缩湿胀性有很大的区别。木材中有些材种的干缩湿胀极明显,有些则相对较小。高档次的实木地板所用材种一般有较小的干缩湿胀性。竹材的干缩湿胀性较小,这是竹材作为地板用材的优点之一。人造板由于经过高温高压处理,在空气中的干缩湿胀性较小,这也是近年来用人造板作基材的复合地板得到高速发展的原因之一。

(2) 含水率。木材有较大的干缩湿胀性,因此含水率成为地板最重要的质量指标之一。在南方潮湿的气候下,地板常常由于湿胀出现局部或大面积的隆起。在北方干燥的气候下,则由于干缩而出现接口裂缝或地板裂纹。因此,地板在施工前过干、过湿都是不适宜的,制造和施工时应考虑当地的平衡含水率并采取一定的防隆防裂措施。

(3) 表面耐磨性。地板作为地面材料,表面耐磨性显然是非常重要的。地板的表面一般都经过涂饰、覆膜等处理,因此可以说,地板的表面耐磨性与基材的关系不大而与表面处理的用材和方式有关,如油漆的质量和厚度、覆膜的材料和工艺等。表面耐磨性可用表面耐磨仪检测,以耐磨转数为参数鉴别。对于家庭用地板,耐磨转数通常选用 6000 转以上,而在办公楼等地方通常选用 9000 转以上。

(4) 表面耐冲击性。地板作为地面材料,应当要求其具有一定的表面耐冲击性,以免在使用中当物件掉落地面时形成凹陷。表面耐冲击性不仅与表面处理的材料与方式有关,而且与地板的基材性质有关。一般地板的材质较硬,表面处理材料韧性较好时,地板的表面耐冲击性较高。

(5) 胶合强度和剥离强度。前者针对多层材料复合的复合地板,后者针对浸渍纸饰面或油漆饰面的地板。地面材料相对于顶棚和墙面材料,使用条件比较恶劣,易于产生胶层分离和油漆剥落。胶合强度和剥离强度可用仪器检测,在国家标准中有相关规定。

(6) 甲醛释放量。这是近年来人们非常关心的问题。在天然木材中也含有微量甲醛,一般不会对人体造成危害,故实木地板可不考虑此问题。以人造板为基材和以木、竹材料经加工然后胶合而成的地板,胶合剂中存在未参与反应的游离甲醛,会导致使用中甲醛在室内空间释放而危害人体。在新的标准中,对甲醛释放量已做出规定。

除上述几点以外,木地板的加工精度也会直接影响木地板的安装与使用。木地板如图 1-5 和图 1-6 所示。

2. 竹木地板的分类

竹木地板有多种分类方法,主要有以下几种。

(1) 按质地分:有竹质地板、实木地板、竹木复合地板、人造板地板、软木地板。

图 1-5　木地板一

图 1-6　木地板二

(2) 按外形结构分:有条状地板,如长条地板、短条地板;块状拼花地板,如正方形地板、菱形地板、六角形地板、三角形地板;粒状地板,又称木质马赛克。此外还有毯状地板、穿线地板、编织地板等。

(3) 按横断面构造分:有顺纹地板,即木、竹材纹理顺地板长边的地板;立木地板,即地板表面的纹理为木、竹材的横断面;斜纹地板,即地板表面的纹理方向与木、竹材纹理成一定角度。

(4) 按地板的接口形式分:有平口式地板、沟槽式地板、榫槽式地板、燕尾榫式地板、斜边式地板、插销式地板。

(5) 按层数分:有单层地板、双层地板、多层地板。

3. 常见的竹木地板

1) 实木地板

实木地板是用天然木材经锯解、干燥后直接加工成不同几何单元的地板,其特点是断面结构为单层,充分保留了木材的天然性质。近些年来,虽然有不同类别的地板大量涌入市场,但实木地板以它不可替代的优良性能稳定地占领着一定的市场份额。

实木地板是用天然材料——木材,不经过任何黏结处理,用机械设备加工而成的。该地板的特点是保持天然木材的性能。它具有木材的天然纹理,且具有木质自然而色泽柔和、自重轻、强度高、弹性好、脚感舒适、冬暖夏凉、气味芳香、环保健康等优点,广泛用于高级宾馆、办公室、别墅、住宅等。实木地板如图 1-7 和图 1-8 所示。

图 1-7　实木地板一

图 1-8　实木地板二

实木地板常见的有平口地板、企口地板、指接地板、集成指接地板。规格较多，长度为 300～1000 mm，宽度为 90～125 mm，厚度为 18 mm，常用的有 18 mm×90 mm×450/600/900 mm。

实木地板由于未经结构重组和与其他材料复合加工，对树种的要求相对较高，档次也因树种不同而拉开。一般来说，地板用材以阔叶材为多，档次较高，针叶材较少，档次较低。近年由于国家实施天然林保护工程，进口木材作为实木地板原料增多。市场销售的实木地板形式，有三个大类品种，即实木地板条、拼花地板块和立木地板。

2）多层复合地板

由于世界天然林的逐渐减少，特别是装饰用优质木材的日渐枯竭，木材的合理利用已越来越受到人们的重视，多层结构的复合地板就是这种情况下的产物之一。多层复合地板实际上是利用珍贵木材或木材中的优质部分以及其他装饰性强的材料作表层，材质较差或质地较差部分的竹、木材料作中间层或底层，经高温高压制成的多层结构的地板。这种地板不仅充分利用了优质材料，提高了制品的装饰性，而且所采用的加工工艺也不同程度地提高了产品的物理力学性能。多层复合地板比实木地板略薄，常见规格为 900 mm×125 mm×15 mm。

(1) 多层复合地板的特点。

① 充分利用珍贵木材和普通小规格木材，在不影响表面装饰效果的前提下降低了产品的成本，赢得了顾客的喜爱。

② 结构合理，翘曲变形小，无开裂、收缩现象，具有较好的弹性。

③ 板面规格大，安装方便，稳定性好。

④ 装饰效果好，与豪华型实木大地板在外观上具有相同的效果。

(2) 多层复合地板的结构。

多层复合地板一般有二层、三层、五层和多层结构。

常见的三层复合地板，分为表板、芯层、底层。五层结构的复合地板，类似于人造板中的细木工板。表层是 0.3～0.7 mm 的旋切单板或刨切薄木，由花纹美观、色泽较一致的珍贵木材加工而成。表层下的芯板为 1～3 mm 的旋切单板，其作用是提高与中心层木条垂直的横向抗弯强度，减小表层的厚度，节约珍贵木材，降低成本。中心层木条材质要求不高，经过干燥处理的杉木、杨木、马尾松、湿地松均可。底层是与表层对称的平衡层，为一般木材旋切成的与表板相同厚度的单板。底层以上的芯板与表层下的芯板材质和结构相同。

(3) 多层复合地板的技术要求。

由于多层复合地板是先将木材加工成不同单元，挑选后重新组合，再经压制、机械加工而成，因此会出现离缝、脱胶、透胶、鼓包、压痕等加工上出现的外观缺陷。在相关国家标准中，对于以实木拼板或单板为面层、实木条为芯层、单板为底层制成的企口地板和以单板为面层、胶合板为基材制成的企口地板，对面层的材质和加工缺陷做出了有关规定，面层的材质要求与实木地板大致相同。

3）复合强化木地板

强化木地板采用高密度板为基材，材料取自速生林，2～3 年生的木材被打碎成木屑制成板材使用，从这个意义上说，强化木地板是最环保的木地板。同时强化木地板有耐磨层，可以适应较恶劣的环境，如客厅、过道等经常有人走动的地方。

其缺点是强化木地板通常只有 8 mm 厚，似乎弹性不如前两种那么好，因此价格相对便宜。

(1) 复合强化木地板的特点。

① 优良的物理力学性能。

复合强化木地板首先是具有很好的耐磨性，表面耐磨指数为普通油漆木地板的 10～30 倍。其次是产品的内结合强度、表面胶合强度和冲击韧性等力学性能都较好。再次，复合强化木地板具有较好的抗静电性能，可用作机房地板。此外，复合强化木地板有良好的耐污染腐蚀、抗紫外线、耐香烟灼烧等性能。

② 有较大的规格尺寸且尺寸稳定性好。

地板的流行趋势为大规格尺寸，而实木地板随规格尺寸的加大，其变形的可能性也加大。复合强化木地板采用了高标准的材料和合理的加工手段，具有较好的尺寸稳定性，室内温、湿度引起的地板尺寸变化较小。建筑界开始采用的低温辐射地板采暖系统，复合强化木地板是较适合的地板材料之一。

③ 安装简便，维护保养简单。

地板安装采用泡沫隔离缓冲层悬浮铺设方法，施工简单，效率高。平时可用清扫、拖抹、辊吸等方法进行维护保养，十分方便。

④ 复合强化木地板的不足。

首先是地板的脚感或质感不如实木地板，其次是基材和各层间的胶合不良时，使用中会脱胶分层而无法修复。此外，地板中所含胶合剂较多，游离甲醛释放污染室内环境需要引起高度重视。

(2) 复合强化木地板的结构。

复合强化木地板是多层结构地板，图 1-9 和图 1-10 分别是其基本结构示意图和构造图。由于结构特殊，对各层的材料、性质和要求等分别介绍如下。

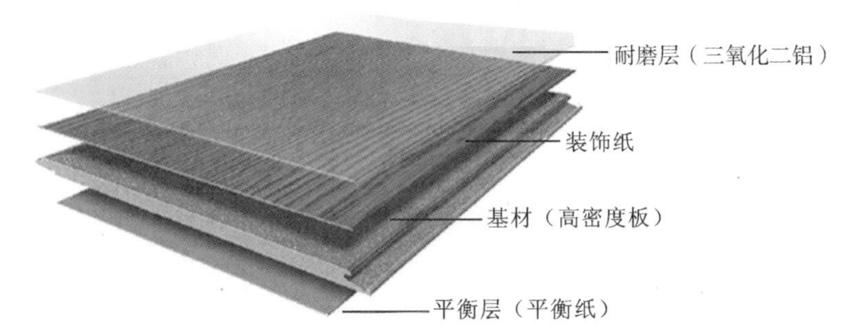

图 1-9 复合强化木地板结构示意图

图 1-10 复合强化木地板构造图

① 表面耐磨层。

表面耐磨层即图中的表层耐磨纸，地板的耐磨性主要取决于这层透明的耐磨纸。表层纸中含有三氧化二铝、碳化硅等耐磨材料，地板的耐磨性与其含量成正比。但耐磨材料含量不能过高，一般不大于 75 g/m^2，否则由于其遮盖作用，会影响下层装饰纸的清晰性，同时，对刀具的硬度和耐磨性要求也相应提高。

② 装饰层。

装饰层实际上是计算机仿真制作的印刷装饰纸，一般印有仿珍贵树种的木纹或其他图案，纸张为精制木、棉浆加工而成，要求白度 90 度以上，吸水率为 25 mm/10 min，有一定的遮盖力以盖住深色的缓冲层纸的色泽并防止下层的树脂透到表面上来。一般使用含 5%～20%钛白粉、密度为 100 g/m^2 左右的钛白纸。

③ 缓冲层。

缓冲层可以使装饰层具有一定厚度和机械强度，一般为牛皮纸，纸的厚度为 0.2～0.3 mm。

④ 人造板基材。

复合强化木地板的基材主要有两种，一种是中、高密度的纤维板，一种是刨花形态特殊的刨花板。目前市场销售的复合强化木地板绝大多数以中、高密度的纤维板为基材。由于地板与其他装饰装修材料相比，使用条件相对恶劣，故对基材的耐潮性、变形性、抗压性等要求较高，基材的优劣在很大程度上决定了地板质量的高低。中密度纤维板作为复合强化木地板的基材时，技术指标必须符合相关要求。

⑤ 平衡层。

复合强化木地板的底层是为了使板材在结构上对称以避免变形而采用的与表面装饰层平衡的纸张，此外在安装后也起到一定的防潮作用。平衡纸为漂白或不漂白的牛皮纸，具有一定的厚度和机械强度。平衡纸浸渍酚醛树脂，含量一般为 80%以上，具有较高的防湿防潮能力。

4）人造板地板

利用木质胶合板、刨花板、中密度纤维板、细木工板、硬质纤维板、集成材等作地板材料，国外早已流行。目前国内应用较多的是刨花板贴面地板，常用作计算机机房地板。

(1) 常用的几种人造板基材的特点。

① 胶合板：结构好，力学强度高，尺寸稳定性好，是较好的地板材料。

② 中密度纤维板：材质均匀，各方向的材性相差小，厚度精度较高。质量较差时会分层，吸水厚度膨胀率较大，湿强度低。

③ 细木工板：纵向强度高，尺寸稳定性较好，易加工。横向强度低，厚度偏差较大。

④ 刨花板：内部构造较粗糙，耐潮性差，吸水厚度膨胀率较大，湿度较大的环境中易变形和分层，一般不作与地面直接接触或相隔较近的地板材料。

⑤ 集成材：保持木材天然本色，装饰别具一格，纵向强度高，变形小。

(2) 人造板地板的品种及特点。

人造板地板主要是用塑料装饰板、防火板、装饰薄木、PVC 薄膜等材料贴面的地板，如刨花板贴面抗静电木质活动机房用地板。此外尚有用硬质纤维板、薄木和贴面胶合板直接贴于地面的拼花人造板地板。

人造板地板的特点是基材经高温高压处理，变形开裂小，力学强度高，幅面大，结构均匀，没有实木的节疤、腐朽等缺陷，色差也较小。

5）竹地板

竹地板虽然采用的材料是竹材，但竹材也属于植物类，含有纤维素、木质素等成分，因此，历来人们把竹材放到木材学中，所以其材料虽然不是木材，但也归在木地板行列中。另外，还有一种竹木复合地板，地板表层和底层都是竹材，中间为软质木材，通常采用杉木，该类结构的地板不易变形。竹地板面层和竹地板剖面如图 1-11 和图 1-12 所示。

图 1-11 竹地板面层

图 1-12 竹地板剖面

竹材的特点是耐磨，比重大于传统的木材。竹地板经过防虫、防腐处理加工而成，颜色有漂白和碳化两种。

竹地板给人一种天然、清凉的感觉。与实木地板类似，竹地板处理或铺装不好容易变形。竹地板的原料毛竹的生长周期比木材要短得多，因此它是一种十分环保和经济的地板。

近几年开发的竹地板种类很多，按其结构可分为以下几种：三层竹片地板、单层竹条地板、竹片竹条复合地板、立竹拼花地板、竹青地板。

4. 竹木地板用量计算

由于竹木地板不同于板块料可以随意连接，其连接处常以多种方式咬合，且接缝处不得切割。同时，按照竹木地板的铺装习惯，通常竹木地板的长边方向与房间长边方向一致。

竹木地板块数＝(房间长/地板长)×(房间宽/地板宽)

【例 1-4】 一房间长为 8 m，宽为 5 m，试计算铺装 900 mm×90 mm×18 mm 规格实木地板的用量。

解

房间长 8 m/地板长 0.9 m＝8.89 行≈9 行

房间宽 5 m/地板宽 0.09 m＝55.56 块≈56 块

实木地板块数＝9 行×56 块＝504 块

（三）木饰面板

用木饰面板装饰内墙面，一般用薄木装饰板和人工合成木制品两种。薄木装饰板主要由原木加工而成，经选材干燥处理后用于装饰工程中，如胶合板和细木工板。

1. 木胶合板

1) 胶合板

胶合板的主要特点是板材幅面大，易于加工；板材的纵向和横向抗拉强度和抗剪强度均匀，适应性强；板面平整，吸湿变形小，避免了木材开裂、翘曲等缺陷；板材厚度可按需要加工，木材利用率较高。

胶合板的层数应为奇数，可以分为三夹板、五夹板、七夹板和九夹板，最常用的是三夹板和五夹板。厚度为 2.7 mm、3.0 mm、3.5 mm、4.0 mm、5.0 mm、5.5 mm、6.0 mm……自 6 mm 起按 1 mm 递增，厚度小于 4 mm 的为薄胶合板。常用规格为 1220 mm×2440 mm。

胶合板在室内装饰中可用作顶棚面、墙面、墙裙面、造型面，也可用作家具的侧板、门板，还可用厚夹板制成板式家具。胶合板面上可油漆成各种颜色的漆面，可裱贴各种墙布、墙纸，可粘贴塑料装饰板或喷刷涂料。一等品胶合板可用于较高级建筑装饰、中高档家具等。

2) 细木工板

细木工板属于特种胶合板的一种，芯板用木材拼接而成，两面胶黏一层或两层单板。细木工板具有轻质、防虫、不腐等优点，表面平整光滑、表里如一，隔音性能好，幅面大，不易变形，适用于中高档次的家具制作、室内装饰、隔断等。常用规格为 1220 mm×2440 mm。

3) 纤维板

纤维板是以植物纤维(如稻草、玉米秆、刨花、树枝等)为主要原料，经破碎、浸泡、研磨成木浆，再加入一定的胶料，经热压成型、干燥等工艺制成的一种人造板材。按体积密度分为硬质纤维板、中密度纤维板和软质纤维板；按表面情况可分为一面光板和两面光板两种；按原料分为木材纤维板和非木材纤维板两种。

2. 木质人造板

木质人造板是利用木材、木质纤维、木质碎料或其他植物纤维为原料，加胶黏剂和其他添加剂制成的板材。

1) 木工板

木工板为室内装饰和家具制作的主要用材，由上下两层夹板和中间小块木条连接而成。常用规格为 1220 mm×2440 mm。

2) 竹胶合板

竹胶合板一般用竹材加工余料制成，其硬度为普通木材的 100 倍，抗拉强度是木材的 1.5～2 倍，具有防水防潮、防腐防碱等特点。常用规格为 1800 mm×960 mm、1950 mm×950 mm、2000 mm×1000 mm。

3）刨花板

刨花板也称碎料板，是将木材加工剩余物、小径木、木屑等，经切碎、筛选后拌入胶料、硬化剂、防水剂等热压而成的一种人造板材。刨花板中因木屑、木块结合疏松，不宜用钉子钉，一般用木螺丝和小螺栓固定。

4）木丝板

木丝板也称木丝水泥板或万利板，是把木材的下脚料用机械刨成木丝，经过化学溶液的浸透，然后拌和水泥，入模成型加压、热蒸、凝固、干燥而成。其主要优点是防火性好，本身不燃烧，质量轻，韧性强，施工简单，不易变质，隔热、隔音、吸音效果好，表面可任意粉刷、喷漆和调配颜色，装饰效果好。

木丝板主要用作天花板、门板基材，家具装饰侧板、石棉瓦底材，屋顶板用材，广告或浮雕底板。常用规格：长度为 1800～3600 mm，宽度为 600～1200 mm，厚度为 4 mm、6 mm、8 mm、10 mm、12 mm、16 mm、20 mm 等。

5）蜂巢板

蜂巢板是以蜂巢芯板为内芯板，表面再用两块较薄的面板（如夹板等）牢固地黏结而成的板材。蜂巢板抗压性好，导热性差，抗震性好，不变形，质轻，有隔音效果。表面作防火处理后可用作防火隔热板。其主要用作装饰基层、活动隔音及厕所隔间、天花板及组合式家具。蜂巢板施工时应特别注意收边处理及表面选材。

3. 装饰人造板

装饰人造板是利用木质人造板作基材，进行贴面、涂饰或其他表面加工而制成的一类装饰人造板材。装饰人造板种类极多。

1）薄木贴面装饰人造板

薄木贴面是一种高级装饰。薄木贴面装饰人造板由天然纹理的木材制成各种图案的薄木与人造板基材胶贴而成。装饰自然而真实，美观而华丽。特别是镶嵌薄木所拼成的山、水、动物、诗画、花卉等，产品珍贵，装饰性很强。由于薄木装饰加工工艺不断革新，新产品不断出现，产品具有特异性能，是一种前景广阔的装饰方法，其装饰板材在建筑装饰、家具、车船装修等方面得到广泛应用。薄木贴面装饰板的贴面工艺有湿贴与干贴两种，20 世纪 80 年代大多采用干贴工艺，20 世纪 90 年代后期则大多采用湿贴工艺。贴面工艺比较简单，经涂胶后的薄木与基材组坯后经热压或冷压即成为装饰板材。

2）宝丽板和华丽板

华丽板和宝丽板实际上是一种装饰纸贴面人造板。华丽板又称印花板，是将已涂有氨基树脂的花色装饰纸贴于胶合板基材上，或先将花色装饰纸贴于胶合板上再涂布氨基树脂。宝丽板则是先将装饰纸贴合在胶合板上后再涂布聚酯树脂。这两种板材曾是 20 世纪 80 年代流行的装饰材料，近些年虽在大中城市用量大减，但在县城和部分地区仍有一定市场。该板材表面光亮，色泽绚丽，花色繁多，耐酸防潮，不足之处是表面不耐磨。

3）镁铝合金贴面装饰板

这种装饰板以硬质纤维板或胶合板作基材，表面胶贴各种花色的镁铝合金薄板（厚度 0.12～0.2 mm）。该板材可弯、可剪、可卷、可刨，加工性能好，可凹凸面转角，圆柱可平贴，施工方便，经久耐用，不褪色，用于室内装潢，能获得堂皇、美丽、豪华、高雅的装饰效果。

4）树脂浸渍纸贴面装饰板

树脂浸渍纸贴面装饰板是将装饰纸及其他辅助纸张经树脂浸渍后直接贴于基材上，经热压贴合而成的装饰板。浸渍树脂有三聚氰胺、酚醛树脂、邻苯二甲酸二丙烯酯、聚酯树脂、鸟粪胺树脂等。

树脂浸渍纸贴面装饰板木纹逼真，色泽鲜艳，耐磨、耐热、耐水、耐冲击、耐腐蚀，广泛用于建筑、车船、家具的装饰中。

4. 金属装饰板

常用于墙面装饰的金属装饰板有铝合金装饰板、不锈钢装饰板、铝塑板、涂层钢板及镁铝曲面装饰板等。

1）铝合金装饰板

铝合金装饰板又称为铝合金压型板或天花扣板，用铝、铝合金为原料，经辊压冷压加工成各种断面的金属板材，具有重量轻、强度高、刚度大、耐腐蚀、经久耐用等优良性能。板表面经阳极氧化或喷漆、喷塑处理后，可形成装饰要求的多种色彩。随着加工工艺的不断进步,越来越多的新型铝合金装饰板正在出现。其常用规格为 1220 mm×2440 mm。常用的有铝合金花纹板、铝质浅花纹板、铝及铝合金波纹板、铝合金穿孔吸声板。

2）不锈钢装饰板

不锈钢装饰板是一种具有特殊用途的钢材。它具有优异的耐腐蚀性、优越的成型性以及赏心悦目的外表,其高反射性及金属质地的强烈时代感,与周围环境中的各种色彩交相辉映,对空间起到了强化、点缀和烘托效果。不锈钢装饰板已渐渐从高档场所走向了中低档装饰,如大理石墙面和木装修墙面的分隔、灯箱的边框装饰等。

不锈钢装饰板根据表面的光泽程度、反光率大小,又分为镜面不锈钢板、亚光不锈钢板和浮雕不锈钢板等。常用的有镜面不锈钢板、亚光不锈钢板、浮雕不锈钢板、铝塑板、涂层钢板、高耐久性涂层钢板、镁铝曲面装饰板。

5. 合成装饰板

常用的合成装饰板有有机玻璃板、防火板。

6. 木饰面板用量计算

$$木饰面板用量=所需板材面积/(2.4\times1.2)\times(1+损耗率)$$

【例 1-5】 某小区精装房,有 30 套房内用榉木木工板各打制一个百叶造型的两门鞋柜。已知鞋柜长、宽、高分别是 0.9 m、0.3 m、1 m。试计算需要几块木工板。

解 $S_{鞋柜}=0.9\ \text{m}\times0.3\ \text{m}\times2+0.9\ \text{m}\times1\ \text{m}\times2+0.3\ \text{m}\times1\ \text{m}\times2=2.94\ \text{m}^2$

考虑木工板 5%的损耗:

$$S_{总}=30\times(1+5\%)\times2.94\ \text{m}^2=92.61\ \text{m}^2$$

$$木工板用量=92.61\ \text{m}^2/(1.2\times2.4)\ \text{m}^2=32.16\ 块\approx33\ 块$$

(四) 壁纸、壁布

壁纸、壁布是室内装饰中应用较为广泛的墙面及天花板面的装饰材料。由于其质地柔软、图案多样、色泽多样的外观效果和耐用、耐洗、施工方便等特点,质感强,深受人们的喜爱。尤其是其柔软的质地,可将室内环境营造出温暖祥和的气氛,是其他材料不可替代的。壁纸、壁布如图 1-13 所示。

图 1-13 壁纸、壁布

壁纸按面层材质分类,可分为纸面纸基壁纸、纺织艺术壁纸、天然材料壁纸、金属壁纸和塑料壁纸。

按产品性能分类,壁纸可分为防霉抗菌壁纸、防火阻燃壁纸、吸音壁纸、抗静电壁纸和荧光壁纸。防霉抗菌壁纸能有效地防霉、抗菌、阻隔潮气;防火阻燃壁纸具有难燃、阻燃的特性;吸音壁纸具有吸音能力,适合于歌厅、KTV 包厢的墙面装饰;抗静电壁纸能有效防止静电;荧光壁纸能产生一种特别的效果——夜壁生辉,夜晚熄灯后可持续 45 分钟的荧光效果,深受小朋友的喜爱。

按产品花色及装饰风格分类,壁纸又可分为图案型、花卉型、抽象型、组合型、儿童卡通型、特别效果型等壁纸，以及能起到画龙点睛作用的腰线壁纸。

壁纸用量＝需要贴壁纸的面积/(壁纸长×宽)×(1＋损耗率)

其中，损耗率与房间面积、壁纸拼花大小和壁纸规格有关，通常损耗率为3%～5%。

【例1-6】　一面墙高3 m，长5 m，设计贴素色碎花壁纸，试计算需要多少卷墙纸。

解　$S_{墙}=3\ m\times5\ m=15\ m^2$

考虑壁纸3%的损耗：

壁纸用量＝15 m^2/(0.53 m×10 m)×(1＋3%)＝2.92卷≈3卷

（五）内墙涂料

一般家居用的墙面漆主要是乳胶漆，能制造丝光、缎光、亚光等光泽。

通常乳液型外墙涂料均可作为内墙装饰使用。常用的建筑内墙乳胶漆以平光漆为主，其主要产品为醋酸乙烯乳胶漆。近年来醋酸乙烯-丙烯酸酯有光乳胶漆也开始应用，但价格较醋酸乙烯乳胶漆贵。

1. 乳胶漆

1) 醋酸乙烯乳胶漆

醋酸乙烯乳胶漆是由醋酸乙烯均聚乳液加入颜料、填料及各种助剂，经研磨或分散处理而制成的一种乳液型涂料。该涂料具有无毒、不燃、涂膜细腻、平滑、透气性好、价格适中等优点，但它的耐水性、耐碱性及耐候性不及其他共聚乳液，故仅适宜涂刷内墙，而不宜作为外墙涂料使用。

2) 乙-丙有光乳胶漆

乙-丙有光乳胶漆是以乙-丙共聚乳液为主要成膜物质，掺入适当的颜料、填料及助剂，经过研磨或分散后配制而成的半光或有光内墙涂料。其耐水性、耐碱性、耐久性优于醋酸乙烯乳胶漆，并具有光泽，是一种中高档内墙装饰涂料。

乙-丙有光乳胶漆的特点如下。

(1) 在共聚乳液中引入丙烯酸丁酯、甲基丙烯酸甲酯、甲基丙烯酸、丙烯酸等单体，从而提高了乳液的光稳定性，使配制的涂料耐候性好，宜用于室外。

(2) 在共聚物中引进丙烯酸丁酯，能起到内增塑作用，提高了涂膜的柔韧性。

(3) 主要原料为醋酸乙烯，国内资源丰富，涂料的价格适中。

通常乳胶漆以桶包装，有大桶和小桶之分，大桶一般装15 L，小桶一般装5 L。

2. 聚乙烯醇类水溶性内墙涂料

1) 聚乙烯醇水玻璃涂料

这是一种在国内普通建筑中广泛使用的内墙涂料，其商品名为“106”。它是以聚乙烯醇树脂的水溶液和水玻璃为胶黏剂，加入一定数量的体质颜料和少量助剂，经搅拌、研磨而成的水溶性涂料。

2) 聚乙烯醇缩甲醛内墙涂料

聚乙烯醇缩甲醛内墙涂料是以聚乙烯醇与甲醛进行不完全缩醛反应生成的聚乙烯醇缩甲醛水溶液为基料，加入颜料、填料及其他助剂经混合、搅拌、研磨、过滤等工序制成的一种内墙涂料。聚乙烯醇缩甲醛内墙涂料的生产工艺与聚乙烯醇水玻璃内墙涂料相类似，成本相仿，而耐水性、耐洗擦性略优于聚乙烯醇水玻璃内墙涂料。

3. 涂料用量计算

除另有说明外，涂料通常涂刷两遍。

涂料用量＝需要涂料的面积/(7 m^2/L)×涂刷遍数

涂料用量＝需要涂料的面积/(15 m^2/kg)×涂刷遍数

【例1-7】　一房间长为6 m，宽为4 m，高为3 m，墙面和顶棚刷乳胶漆，试计算需要多少小桶乳胶漆。(已知一扇门为2200 mm×900 mm，两扇窗户均为1500 mm×1200 mm)

解

$$S_{墙}=(6+4)\text{m}\times2\times3\ \text{m}=60\ \text{m}^2$$

$$S_{顶}=6\ \text{m}\times4\ \text{m}=24\ \text{m}^2$$

$$S_{门}=2.2\ \text{m}\times0.9\ \text{m}=1.98\ \text{m}^2$$

$$S_{窗}=1.5\ \text{m}\times1.2\ \text{m}\times2=3.6\ \text{m}^2$$

$$S_{总}=60\ \text{m}^2+24\ \text{m}^2-1.98\ \text{m}^2-3.6\ \text{m}^2=78.42\ \text{m}^2$$

涂料用量$=78.42\ \text{m}^2/(7\ \text{m}^2/\text{L})\times2=22.41\text{L}\approx5$小桶

【例 1-8】 某小区精装房，有30套房内用榉木木工板各打制一个百叶造型的两门鞋柜。已知鞋柜长、宽、高分别是0.9 m、0.3 m、1 m。试计算需要多少油漆。

解 已知百叶造型油漆用量需乘以系数1.2，

$$S_{鞋柜}=0.9\ \text{m}\times0.3\ \text{m}\times2+0.9\ \text{m}\times1\ \text{m}\times2\times1.2+0.3\ \text{m}\times1\ \text{m}\times2=3.3\ \text{m}^2$$

已知油漆用量通常为1 kg刷15 m^2，通常底漆刷三遍、面漆刷两遍。

$$3.3\ \text{m}^2\times30/(15\ \text{m}^2/\text{kg})=6.6\text{kg}$$

底漆用量$=6.6\ \text{kg}\times3=19.8\text{kg}$

面漆用量$=6.6\ \text{kg}\times2=13.2\text{kg}$

三、装饰材料采购保管 THREE

项目开工前，项目部应尽早计算出各施工阶段对材料、机具等的需用量，并对材料名称、规格、使用时间、材料储备定额和消耗定额进行汇总，编制出材料需求计划。材料采购和保管部门工作程序如下。

(1) 根据施工预算、分部或分项工程施工方法或施工进度的安排，拟订构(配)件及制品、施工机具或工艺设备等物资的需求量及需求时间计划。

(2) 根据各种物资需求量计划，组织货源，确定加工、供应地点和供应方式，签订物资供应合同。

(3) 根据各种物资的需求量计划和采购合同，拟订运输计划和运输方案。

(4) 按照施工总平面图的要求，组织物资按计划、按时间进场，在指定地点按规定方式进行储存和堆放，并做好安全保管工作。

(5) 材料交接时，保管部门需同时接收产品合格证书，有隔声、隔热、阻燃、防潮等特殊要求的工程，板材应有相应性能等级的检测报告。同时详细填写材料进场记录，并由相关干系人签字。

(6) 材料保管部门需保存所有产品合格证书、性能等级检测报告和材料进场记录，以备竣工验收时使用。

思考与练习

一、单选题

1. 施工单位未按照民用建筑节能强制性标准进行施工的，由县级以上地方人民政府建设主管部门责令改正，处民用建筑项目合同价款(   )的罚款。

A. 1%～2%　　B. 2%～4%　　C. 3%～5%　　D. 5%～10%

2. 建筑物的墙体根据其受力特点分为承重墙、非承重墙和联系墙。可以拆除的是(   )。

A. 非承重墙　　B. 承重墙　　C. 联系墙　　D. 都不可以

3. 楼地面防水通常满做防水层，防水层在踢脚板处应该向墙面延伸(   )。

A. 120～150 mm　　B. 1200～1500 mm　　C. 150～200 mm　　D. 1500～2000 mm

4. 注册执业人员未执行民用建筑节能强制性标准的，情节严重的，由颁发资格证书的部门吊销执业资格证书，(   )内不予注册。

A. 1年　　B. 2年　　C. 3年　　D. 5年

5. 某工程为铺贴大理石 2000 平方米，已知地砖产量定额为 2.5 平方米/工日，按照每天一班作业，要求 15 天完成，计算需要安排的最少工人数量。(　　)

A. 49　　B. 54　　C. 60　　D. 63

6. 楼梯间装饰不得采用易燃材料，玻璃必须采用(　　)。

A. 钢化玻璃　　B. 夹丝玻璃　　C. 防火玻璃　　D. 双层玻璃

7. 某工程为铺贴大理石 2000 平方米，已知地砖产量定额为 2.5 平方米/工日，按照每天一班作业，每班安排 30 个工人，则工期为(　　)天。

A. 27　　B. 25　　C. 32　　D. 30

8. 为了消减荷载的作用力，建筑结构通常设置变形缝。变形缝不包括(　　)。

A. 伸缩缝　　B. 防震缝　　C. 温度缝　　D. 沉降缝

9. 厨、厕防水的前提是地表面标高比相邻房间低(　　)，且坡向地漏，满铺防水层。

A. 15 mm　　B. 20 mm　　C. 25 mm　　D. 30 mm

10. 装饰工程施工合同中通常不包括下列哪项内容。(　　)

A. 工程质量　　B. 当事人的偿债能力

C. 违约责任　　D. 当事人的名称或姓名

11. 已知一教室长 8 m，宽 6 m，高 3.5 m，两扇门为 2200 mm×900 mm，两扇窗户均为 1500 mm×1200 mm。

(1) 若该教室地面铺贴 800 mm×800 mm 地砖，需要(　　)块地砖。

A. 75　　B. 80　　C. 77　　D. 83

(2) 若该教室地面铺贴 900 mm×90 mm×18 mm 实木地板，需要(　　)块实木地板。

A. 603　　B. 597　　C. 612　　D. 593

(3) 若该教室前后墙贴壁纸，需要(　　)卷壁纸。

A. 6　　B. 9　　C. 8　　D. 12

(4) 若该教室墙面和顶棚刷乳胶漆，需要(　　)千克乳胶漆。

A. 10　　B. 20　　C. 30　　D. 40

(5) 若用隔墙将该教室隔成两个工作室，隔墙采用轻钢龙骨纸面石膏板涂刷乳胶漆，该隔墙需要纸面石膏板(　　)块，乳胶漆(　　)升。

A. 8,12　　B. 8,6　　C. 16,6　　D. 16,12

二、多选题

1. 施工组织设计编制的内容包括(　　)。

A. 施工部署　　B. 资金筹措计划　　C. 主要施工方法

D. 工程概况　　E. 主要施工管理计划

2. 项目施工过程中，发生(　　)情况之一时，施工组织设计应及时进行修改或补充。

A. 工程设计有重大修改　　B. 主要施工方法有重大调整

C. 主要施工资源配置有重大调整　　D. 节假日后复工

E. 施工环境有重大改变

3. 单位工程施工组织设计的内容包括(　　)。

A. 工程概况及施工特点　　B. 作业区施工平面布置设计

C. 施工方案　　D. 单位工程施工准备工作计划

E. 施工总进度计划

4. 下列属于项目经理应该具备的条件的有(　　)。

A. 项目经理需有一级建造师执业资格证书　　B. 项目经理需要具有处理紧急状况的

能力

C. 项目经理应公道正直,灵活机变　　D. 项目经理应懂得装饰设计和施工技术

E. 项目经理应具有本科以上相应的学历

5. 常用的消防系统有(　　)。

A. 消火栓　　B. 防烟排烟系统　　C. 灭火器

D. 自动喷水灭火系统　　E. 火灾自动报警系统

6. 建筑装饰装修设计应符合哪些相关规定?(　　)

A. 城市规划　　B. 消防　　C. 节能　　D. 经济　　E. 环保

7. 荷载按照作用时间可划分为(　　)。

A. 静荷载　　B. 永久荷载　　C. 动荷载　　D. 偶然荷载　　E. 可变荷载

8. 发生火灾的三大要素是(　　)。

A. 风　　B. 温度　　C. 可燃烧物　　D. 空气　　E. 催化剂

9.建筑防火构件通常有(　　)和防火门窗等。

A. 防火板　　B. 挡火墙　　C. 防火间　　D. 防火幕　　E. 防火墙

10. 可持续建筑的含义是在(　　)的基础上不断向前发展的。

A. 经济　　B. 节能　　C. 节地　　D. 节水　　E. 节材

11. 室内环境中的主要污染物中的有机化合物包括苯和(　　)。

A. TVOC　　B. 氮氧化合物　　C. 甲醛

D. 二氧化硫　　E. 甲苯二异氰酸酯

12. 下列可以作为项目经理的选择方式的是(　　)。

A. 业主推荐　　B. 基层推荐、内部协调　　C. 竞争招聘

D. 经理委任　　E. 考取建造师执业资格证书

13. 专项施工方案包括(　　)。

A. 分部分项施工方案　　B. 单位工程施工方案　　C. 施工临时用电方案

D. 安全专项方案　　E. 环境保护专项方案

14. 轻钢龙骨纸面石膏板吊顶给房间增加的荷载不属于(　　)。

A. 线荷载　　B. 均布面荷载　　C. 偶然荷载　　D. 施工荷载　　E. 集中荷载

15. 下列属于板块料优点的是 (　　)。

A. 花色品种多样　　B. 施工速度快　　C. 保温性好　　D. 易于保持清洁　　E. 弹性好

三、案例分析

某施工单位中标了某住宅楼工程的装修施工任务,该工程共有 20 000 m^2,合同价格为 2000 万元。施工合同规定开工日期为 2015 年 3 月 1 日,竣工日期为 2015 年 11 月 1 日。监理单位要求施工单位在一周内提供施工组织设计。过了 5 天,施工单位提交了施工组织设计,发生如下事件。

事件一:编制的施工组织设计主要内容有编制依据、工程概况和施工部署。

事件二:该施工组织设计按照单位工程施工组织设计编制,并报项目部技术负责人签字审批。

事件三:施工组织设计中根据现场实际情况对工期重新做出了安排,开工日期 2015 年 3 月 12 日,竣工日期 2015 年 12 月 1 日。

事件四:在确定工程施工工艺时做如下考虑:原设计图纸中部分石材点挂可能不安全,施工方案按照干挂石材编制。

问题:

(1) 事件一所给施工组织设计内容有无缺项?若有,请补充完整。

(2) 事件二有无错误?如有,请改正。

(3) 事件三对工期的安排是否妥当？请说明原因。

(4) 事件四的做法是否妥当？请说明原因。

(5) 施工部署的主要内容有哪些？

第二部分
施工过程管理

ZHUANGSHI
GONGCHENG
SHIGONG ZUZHI YU GUANLI

项目管理的核心任务是项目的目标控制。项目管理对建设方和施工方侧重点不同，但是其共同任务是通过管理使项目的目标得以实现。施工方项目管理的任务主要包括安全文明管理、施工进度控制、施工成本控制、施工质量控制、施工合同管理、施工信息管理、风险管理等。

第五章

职业健康和安全文明施工管理

第一节　施工安全管理

安全生产是项目管理的重要组成部分，在装饰工程施工过程中，必须落实安全生产标准化管理，严格执行《中华人民共和国安全生产法》(以下简称《安全生产法》)、《中华人民共和国建筑法》(以下简称《建筑法》)和《建设工程安全生产管理条例》等法律法规。

安全管理坚持以人为本的理念，贯彻"安全第一，预防为主"的方针，是对安全生产工作进行策划、组织、指挥、协调、控制和改进的一系列活动。其目的是保障项目施工活动中的人身安全、财产安全，以促进生产，提高效益，为员工创造一个安全、卫生、舒适的工作环境，更好地激发员工的生产积极性，提高劳动生产率，减少因事故带来的不必要的损失，为企业的长远发展提供保障。

装饰工程施工安全管理是指装饰工程施工过程中，通过对生产要素的过程控制，使生产要素的不安全行为和状态减少或消除，减少一般事故，杜绝重大事故，从而保证安全管理目标实现。

一、施工安全保证体系　ONE

施工安全管理的工作目标，主要是避免或减少一般安全事故和轻伤事故，杜绝重大、特大安全事故的发生，最大限度地确保施工中劳动者的人身和财产安全。要想达到这一施工安全管理的工作目标，关键是需要安全管理和安全技术来保证。

（一）施工安全的组织保证体系

施工安全的组织保证体系是负责施工安全工作的组织管理系统，一般包括最高权力机构、专职管理机构和专兼职安全管理人员(如企业的主要负责人、专职安全管理人员、企业和项目部主管安全的管理人员以及班组长、班组安全员)。

根据《安全生产法》和有关法律、行政法规的规定，项目经理在项目执业和安全管理工作中，应依法承担安全生产的企业责任、社会责任、行政责任和刑事责任，即项目经理是职业健康与安全文明施工管理的第一责任人。项目经理应依法持有建造师执业资格证书、建筑施工企业项目负责人安全生产考核合格证书，在资质等级许可范围内承担工程项目施工管理，对项目的安全施工负责。

（二）施工安全的制度保证体系

1. 岗位管理制度

岗位管理制度主要包括安全生产组织制度（即组织保证体系的人员设置构成）、安全生产责任制度、安全生产教育培训制度、安全生产岗位认证制度、安全生产值班制度、特种作业人员管理制度、外协单位和外协人员安全管理制度、专兼职安全管理人员管理制度和安全生产奖惩制度等。

其中，项目安全生产责任制度是按照“十二字方针”（安全第一、预防为主、综合治理）把项目各级负责人、各职能部门及工作人员、各岗位作业人员在安全生产方面应做的工作及应负的责任加以明确的一种制度，是施工现场各项规章制度的基础。安全生产责任制度的制定应坚持“谁主管，谁负责”“谁设计，谁负责”“谁审批，谁负责”“管生产必须管安全”的原则，建立一种分工明确、运行有效、层级负责、奖罚分明的安全生产工作机制，把安全生产工作落到实处。

(1) 项目经理是项目安全生产第一责任人，对项目安全生产负全面领导责任，施工管理过程中，负责安全生产的组织、管理、指挥、协调工作。

(2) 认真贯彻落实安全生产方针、政策、法规和各项规章制度，树立“安全第一”的思想，当进度与质量、安全生产发生矛盾时，首先保证安全。

(3) 监督各项技术、安全措施的落实情况，组织对现场机械设备、安全设施和消防设施的验收。

(4) 定期组织安全生产检查、安全工作例会和安全宣传教育，消除事故隐患，不违章指挥，制止违章作业，对监督部门提出的安全生产方面的问题，要及时采取措施予以解决，并形成检查记录或会议纪要等文件。

(5) 确保安全生产投入。

(6) 发生事故，如实上报，并按照应急预案组织人员抢救，保护事故现场，配合事故调查处理。

2. 措施管理制度

措施管理制度主要包括安全作业环境和条件管理制度、安全施工技术措施的编制和审批制度、安全施工技术措施实施的管理制度、安全施工技术措施的总结和评价制度。

3. 投入和物资管理制度

投入和物资管理制度主要包括安全作业环境和安全施工措施费用编制、审核、办理及使用管理制度，劳动保护用品的购入、发放与管理制度，特种劳动防护用品使用管理制度，应急救援设备和物资管理制度以及机械、设备、工具和设施的供应、维修、报废管理制度。

4. 日常管理制度

日常管理制度主要包括安全生产检查制度，安全生产验收制度，安全生产交接班制度，安全隐患处理和安全整改工作的备案制度，异常情况、事故征兆、突然事态报告、处置和备案管理制度，安全生产事故报告、处置、分析和备案制度，安全生产信息资料收集和归档管理制度。其中，安全生产检查制度主要包括如下内容。

1) 定期检查

项目部每月应组织不少于两次职业健康与安全文明施工管理检查。每次检查应由项目经理或技术负责人带队，由相关的安全、技术、劳务、工程、物资等部门联合组织检查。

2) 经常性检查

项目部应每日进行经常性职业健康与安全文明施工管理检查，安全值班人员和安全专兼职人员对工地进行日常的巡回安全生产检查，施工班组每天由班组长和安全值日人员组织班前班后安全检查。其中，项目经理参加的安全检查每周不少于一次。

3) 专业性检查

专业性检查内容如脚手架、施工用电等的安全生产问题和普遍性安全问题应进行单项专业性检查。此类检查专业性较强，应有专业人员参加。

4）节假日检查

这是针对节假日前后职工思想松懈而进行的安全生产检查。

5）自检、互检、交接检

（1）自检：班组作业前后对自身所处的环境和工作程序进行安全生产检查，可随时消除安全隐患。

（2）互检：班组之间开展安全生产检查，可以做到互相监督，共同遵章守纪。

（3）交接检：上道工序完毕，交给下道工序使用或操作前，应由工地负责人组织工长、安全员、班组长及其他有关人员进行安全生产检查和验收，确认无安全隐患，达到合格要求后，方能交给下道工序使用或操作。

项目部对检查中存在的安全事故隐患应及时进行控制，确保不合格设施不使用，不合格物资不发放，不合格过程不通过，具体控制处理应遵循以下原则。

① 对检查中发现的隐患应进行登记，不仅可以作为整改的备查依据，而且可根据隐患记录分析制定指导安全管理的预防措施。

② 对安全检查中查出的隐患，应发出隐患整改通知单，并监督执行。

③ 对于违章指挥、违章作业行为，检查人员可当场指出，立即纠正。

④ 对查出的隐患，相关责任人应立即研究制订整改方案，组织实施整改。按照"五定"——定整改责任人、定整改措施、定整改完成时间、定整改完成人、定整改验收人，限期完成整改，并报项目部安全管理部门备案。

⑤ 事故隐患的处理方式根据具体情况而定，通常为：停止使用、封存；指定专人进行整改以达到规定要求；进行返工，以达到规定要求；对有不安全行为的人员进行教育或处罚；对不安全生产的过程重新组织；整改完毕后，项目部安全管理部门应对隐患的整改效果进行验收，经复查整改合格后，方可销案。

（三）施工安全的技术保证体系

施工安全技术保证体系由专项工程、专项技术、专项管理、专项治理四种类别构成。施工生产中需根据不同专业门类详细制定。

（四）施工安全投入保证体系

安全生产资金投入是项目实现安全生产的根本保障。项目经理应确保安全生产费用的有效使用，对列入预算的安全作业环境及安全施工措施费用，应当用于施工安全防护用具及设施的采购及更新，用于安全施工措施的落实和安全生产条件的改善，不得挪用。

职业健康与安全生产费用是指企业按照规定标准提取，在成本中列支，用于购置施工安全防护用具、落实安全施工措施、改善安全生产条件、加强安全生产管理等的费用，即工程费用中的机械装备费、措施费（如脚手架费、环境保护费、安全文明施工费、临时设施费等）、管理费和劳动保险支出等。

（1）个人安全防护用品、用具，主要包括安全帽、安全带、工作服、防护口罩、护目眼镜、耳塞、绝缘鞋、手套、袖套等。

（2）临边、洞口安全防护设施。临边（楼梯临边、阳台临边、楼层临边、卸料平台临边、基坑临边）安全防护设施的材料、人工费；洞口（电梯井口、楼梯口、预留洞口、通道口）安全防护设施的材料、人工费；为安全生产设置的安全通道、围栏、警示绳等。

（3）临时用电安全防护设施。临近高压线隔离防护的材料、人工费；配电柜（箱）及其防护隔离设施、漏电保护器、低压配电器、灯泡等。

（4）脚手架安全防护设施。安全网、挡脚板及用于搭设安全防护设施的钢管、脚手架、扣件等材料、人工费。

（5）机械设备安全防护措施。中小型机械设备防砸的材料、人工费；机械设备、设施的安全装置维护、保养、更新等费用。

（6）消防设施、器材。消防水管、消防箱、灭火器、消防栓、消防水带、沙池、消防铲等购置、安装费。

（7）施工现场文明施工措施费。对施工现场进行材料整理、垃圾清扫等工作的人工费。

（8）安全教育培训费用，包括资料费、差旅费、培训费等。

（9）施工现场安全标志、标语及安全操作规程牌等购置、制作及安装费用。

(10) 与安全隐患整改有关的支出。

(11) 季节性安全费用。夏季防暑降温药品、饮料等;冬季防滑、防冻措施等。

(12) 施工现场急救器材和药品。

(13) 其他安全专项活动费用。

项目经理应按期落实、实施安全生产费用的投入,并指定专人负责本项目安全技术措施经费的统计、汇总、核算工作,并及时上报有关部门。

(五) 施工安全信息保证体系

施工安全工作中的信息主要有文件信息、标准信息、管理信息、技术信息、安全施工状况信息及事故信息等。施工安全信息保证体系由确保信息工作条件、信息收集、信息处理和信息服务等四个部分的工作内容组成。

二、施工安全管理的任务 TWO

公司应设置以法定代表人为第一责任人的安全管理机构,并根据企业的施工规模及职工人数设置专门的安全生产管理部门并配备专职安全管理人员。项目经理部设置以项目经理为第一责任人的安全管理领导小组,其成员由技术负责人、专职安全员、工长及各工种班组长组成。施工班组安全管理要设置不脱产的兼职安全员,协助班组长搞好班组的安全生产管理。

施工安全管理需要制订并执行施工安全管理计划,其主要内容如下。

(1) 各级安全职能人员定期对全体职工进行三级安全教育(即施工人员进场作业前进行公司、项目部、作业班组的安全教育),人人都树立"安全生产"的思想,人人都明白本岗位的安全生产要领和注意事项,都能做到不违章作业。

(2) 施工安全管理计划应在开工前编制,经项目经理批准后实施。

(3) 施工安全管理计划的内容包括工程概况、控制程序、控制目标、组织结构、职责权限、规章制度、资源配置、安全措施、检查评价、奖惩制度等。

(4) 施工安全管理计划的制订,应根据工程特点、施工方法、施工程序、安全法规和标准的要求,采取可靠的技术措施,消除安全隐患,保证施工安全。

(5) 对于结构复杂、施工难度大、专业性强的项目,除制订项目总体安全技术保证计划外,还必须制定单位工程或分部、分项工程的安全施工措施。对于专业性较强的施工项目,应编制专项安全施工组织设计或安全技术措施。

(6) 对于高空作业、脚手架上作业、有毒有害作业、特种机械作业等专业性强的施工作业,以及电工、焊工、机械操作工等特殊工种,应进行安全操作训练、考核并持特殊工种操作证上岗。

(7) 进行施工平面图设计时要充分考虑安全、防火、防爆、防污染等因素,满足施工安全生产的要求。

(8) 安全员应该及时汇报安全生产情况,由项目经理部汇总分析,定期开展安全生产活动,通报安全生产情况。

(9) 在各施工阶段,经常应用多种形式进行安全生产宣传,在施工高峰期、夜间施工或高空作业时,应特别强调安全生产。

三、施工安全管理策划 THREE

施工安全管理策划的原则主要有预防性原则、全过程性原则、科学性原则、可操作性和针对性原则、动态控制原则、持续改进原则及实效的最优化原则。

施工安全管理策划是根据企业的整体安全目标，结合本工程的性质、规模、特点、技术复杂程度等实际情况，确定工程安全生产所要达到的目标，并采取一系列措施努力实现目标的活动过程，主要包括安全目标、管理目标和工作目标。其中，工作目标的内容如下。

(1) 施工现场实行全员安全教育，要求特种作业人员持证上岗率达到100%，操作人员三级安全教育率达到100%。

(2) 按期开展安全检查活动，隐患整改达到“五定”要求，即定整改责任人、定整改措施、定整改完成时间、定整改完成人、定整改验收人。

(3) 必须把好安全生产的“七关”，即教育关、措施关、交底关、防护关、文明关、验收关、检查关。

(4) 认真开展重大安全活动和施工项目的日常安全活动。

(5) 安全生产达标合格率100%，优良率80%以上。

施工生产中，项目经理应不断规范安全行为管理，细化专业技术控制，按照安全操作规程作业，完善职业健康管理制度。项目经理还应根据风险预控要求和项目的特点，组织制订职业健康与安全生产措施计划和事故预案，定期组织演练，不断完善应急措施。装饰工程项目安全生产事故应急救援预案包括以下几种：高处坠落应急预案、物体打击应急预案、坍塌事故应急预案、触电事故应急预案、机械设备事故应急预案、火灾应急预案等。尤其是火灾应急预案、触电事故应急预案和高处坠落应急预案必须详细编制。

施工现场发生安全生产事故，项目经理应按照国家法律、法规的规定，及时、如实地进行事故报告，立即组织现场救援，防止事故扩大和蔓延。同时，应保护事故现场，积极配合事故的调查和处理工作。发生事故后不得隐瞒不报、谎报或拖延不报，不得故意破坏事故现场、毁灭相关证据，否则，需承担相应的法律责任。

四、施工安全管理实施 FOUR

(一) 安全管理实施的基本要求

(1) 必须在取得安全生产许可证后开工。

(2) 必须建立健全安全管理保障制度。

(3) 各类施工人员必须具备相应的安全生产资格，方可上岗。

(4) 所有新工人(包括新招收的合同工、临时工、农民工及实习和代培人员)必须经过三级安全教育。

(5) 特种作业人员，必须经过专门培训，并取得特种作业资格。

(6) 对查出的事故隐患要达到整改“五定”的要求。

(7) 必须把好安全生产的“七关”。

(8) 必须建立安全生产值班制度，并有现场领导带班。

对于大型装饰工程，项目经理应重点组织开展本项目的消防安全“四个能力”建设，具体如下。

(1) 提高检查消除火灾隐患能力，切实做到“消防安全自查、火灾隐患自除”。

(2) 提高组织扑救初起火灾能力，切实做到“火灾发现早、小火灭得了”。

(3) 提高组织人员疏散逃生能力，切实做到“能火场逃生自救、会引导人员疏散”。

(4) 提高消防宣传教育培训能力，切实做到“消防设施标志化、消防常识普及化”。

另外，施工现场要建立门卫和巡逻护场制度，护场守卫人员要佩戴执勤标志，进出人员要佩戴胸卡，加强对财务、库房、宿舍和食堂等区域的管理，做好成品保卫工作等。

(二) 安全技术措施的审批管理

(1) 一般工程施工安全技术措施在施工前必须编制完成，并经过项目经理部的技术部门负责人审核，项目经理部总工程师审批，报公司项目管理部门、安全监督部门备案。

(2) 重要工程或较大专业工程的施工安全技术措施，由项目(或专业公司)总工程师审核，公司项目管理部门、安全监督部门复核，由公司技术部门或公司总工程师委托技术人员审批，并在公司项目管理部门、安全监督部门备案。

(3) 大型、特大型工程施工安全技术措施，由项目经理部总工程师组织编制，报公司技术部门、项目管理部门、安全监督部门审核，由公司总工程师审批，并在上述三个部门备案。

(4) 分包单位编制的施工安全技术措施，在完成报批手续后报项目经理部的技术部门备案。

(三) 安全管理措施编制

安全管理措施用来指导具体的安全管理活动。文件要具有一定的超前性、针对性、可靠性和可操作性。按照结构特点，装饰工程通常分为两类，即结构共性较多的一般工程和结构比较复杂、技术含量较高的特殊工程。应具体分析工程的危险因素和特点，按照相关规定，结合类似工程安全施工经验和教训，编制安全技术措施，健全安全技术交底制度。

1. 施工安全技术交底制度

(1) 对于大规模群体性工程项目，总承包人不是一个单位时，由建设单位向各单项工程的施工总承包单位进行建设安全要求及重大安全技术交底。

(2) 对于大型或特大型工程项目，由总承包公司的总工程师组织有关部门向项目经理部和分包商进行安全技术交底。

(3) 对于一般工程项目，由项目经理部技术负责人和现场经理向有关施工人员和分包商技术负责人进行安全技术交底。

(4) 分包商技术负责人要对其管辖的施工人员进行详细的安全技术交底。

(5) 项目专业责任工程师要对所管辖的分包商工长进行专业工程施工安全技术交底，对分包商工长向操作班组所进行的安全技术交底进行监督、检查。

(6) 专业责任工程师要对劳务分包方的班组进行分部分项工程安全技术交底，并监督指导其安全操作。

(7) 施工班组长在每天作业前，应将作业要求和安全事项向作业人员进行交底，并将交底的内容和参加交底的人员名单记入班组的施工日志中。

2. 安全技术交底的主要内容

做好“四口”“五临边”的防护设施，其中“四口”为通道口、楼梯口、电梯井口、预留洞口，“五临边”为未安装栏杆的阳台周边、无外架防护的屋面周边、框架工程的楼层周边、卸料平台的外侧边及上下跑道和斜道的两侧边。

3. 安全技术交底的基本要求

施工安全技术交底是在建设工程施工前，项目部的技术人员向施工班组和作业人员进行有关工程安全施工的详细说明，并由双方签字确认。

(1) 内容必须具体、明确、针对性强。

(2) 应优先采用新的安全技术措施。

(3) 在工程开工前，应将工程概况、施工方法、安全技术措施等情况，向工地负责人、工长及全体职工进行交底。

(4) 做好交叉作业施工的安全技术交底。

(5) 在每天工作前，工长应向班组长进行安全技术交底。班组长每天也要对工人进行有关施工要求、作业环境等方面的安全技术交底。

(6) 要以书面的形式交底，且交底人和接受交底人要签名或盖章。

(7) 安全技术交底书要按单位工程归放在一起。

(四) 安全文明施工措施

安全文明施工措施主要有以下内容。

(1) 现场大门和围挡设置。

施工现场设置钢制大门，高度不宜低于 4 m，大门上应标有企业标识。围挡的高度在市区主要路段不宜低于 2.5 m，一般路段不低于 1.8 m。

(2) 现场封闭管理，杜绝无关人员进入，避免发生事故。

(3) 施工场地布置。

施工现场大门内必须设置明显的"五牌一图"，即工程概况牌、安全生产制度牌、文明施工制度牌、环境保护制度牌、消防保卫制度牌及施工现场平面布置图。

设置施工现场安全"五标志"，即指令标志(佩戴安全帽、系安全带等)、禁止标志(禁止通行、严禁抛物等)、警告标志(当心落物、小心坠落等)、电力安全标志(禁止合闸、当心有电等)和提示标志(安全通道、火警、盗警、急救中心电话等)。

现场内的施工区、办公区和生活区要分开设置，保持安全距离，并设标志牌。办公区和生活区应根据实际条件进行绿化。

(4) 现场材料、工具堆放合理，方便使用，同时安排专人看护。

(5) 施工现场安全防护布置。

施工现场临时用水、临时用电要有专门人员负责，避免长流水、长明灯。

工程脚手架搭设，必须有专项技术施工组织设计或搭设方案，并报当地安全监督部门备案。搭设必须由具有相应资质的单位施工。脚手架全部采用合格的钢管扣件，并用环保的密目网围护，搭设好的脚手架必须由安监站验收合格后挂牌使用，施工期间要经常检查维修。脚手架拆除也应有安全技术施工方案，并有现场监督，确保安全。

1. 施工现场防火布置

当建筑施工高度超过 30 m(或当地规定)时，为防止单纯依靠消防器材灭火不能满足要求，应配备有足够的消防水源和自救的用水量。扑救电气火灾不得用水，应使用干粉灭火器。

现场动火，必须经有关部门批准，设专人管理。五级风及以上禁止使用明火。坚决执行现场防火"五不走"的规定，即交接班不交代不走、用火设备火源不熄灭不走、用电设备不拉闸不走、可燃物不清干净不走、发现险情不报告不走。

2. 施工现场临时用电布置

工地需配置专职电工班或机修班，负责工地的电线和机械等方面的检查和整改，工地上架设的临时用电线路必须符合当地电力部门和电气标准化的相关规定，施工机械用电务必可靠，做到三级配电(总配电箱、分配电箱和开关箱)、两级保护(漏电保护)。

3. 施工现场生活设施布置

施工现场生活设施布置要符合卫生、安全、通风、照明等要求。

4. 施工现场综合治理

(1) 必须严格执行项目经理和项目经理部职能部门对施工的统一指挥、调度、协调及管理，严禁各行其是、盲目施工。

(2) 必须做好施工成品、半成品的保护。

(3) 装饰施工现场不准乱堆垃圾和杂物，在适当地点设置临时堆放点，并定期清运。清运时注意防护，不得遗留洒落。

(4) 施工现场设置具有针对性的宣传标语和黑板报，并适时更换内容，切实起到传递信息、褒优贬差的作用。

(5) 装饰施工现场严禁居住，严禁居民、家属、小孩在施工现场穿行、玩耍。

(6) 装饰施工现场应保持清洁整齐，做到活完料清，及时消除楼板、楼梯上的砂浆、油漆、木屑等。

（7）在每一项工序完成后要采取有效措施，以保障下一道工序的顺利进行。

（五）施工现场安全检查与监督

项目经理应组织有关人员定期对安全控制计划的执行情况进行检查考核和评价。

项目经理部的各班组日常要开展自检自查，做好日常文明施工和环境保护工作。项目部每周组织一次施工现场各班组文明施工、环境保护工作的检查评比，并进行奖罚。

项目经理部安全检查应采取随机抽样、现场观察、实地检测相结合的方法，并记录检测结果。

专业安全员负责日常施工安全检查，主要检查内容有查思想、查制度、查安全教育培训、查措施、查隐患、查安全防护、查劳保用品使用、查机械设备、查操作行为、查整改、查伤亡事故处理等。检查的方式通常采用经常性安全检查、定期和不定期安全检查、专业性安全检查、重点抽查、季节性安全检查、节假日前后安全检查、班组自检、互检、交接检查及复工检查等方式。

装饰工程安全生产关系人民群众的生命财产安全，政府对施工安全的监督有多种形式，通常运用法律和经济手段，通过事前、事中、事后监督来实现。

第二节　职业健康安全与环境管理

一、职业健康安全与环境管理的特点和目标　ONE

（一）职业健康安全与环境管理的特点

（1）项目固定，施工流动性大，生产没有固定的、良好的操作环境和空间，施工作业条件差，不安全因素多，导致施工现场的职业健康安全与环境管理比较复杂。

（2）项目体形庞大，露天作业和高空作业多，因此工程施工时要更加注重自然气候条件和高空作业对施工人员的职业健康安全和环境因素的影响。

（3）项目的单件性，使施工作业形式多样化，工程施工受产品形式、结构类型、地理环境、地区经济条件等影响较大，从而使施工现场的职业健康安全与环境管理的实施必须根据具体情况适当变动调整。

（4）项目生产周期长，消耗的人力、物力和财力多，必然使施工单位考虑降低工程成本，从而影响了职业健康安全与环境管理的费用支出，造成施工现场健康安全事故和环境污染现象时有发生。

（5）项目的生产涉及的内部专业多、外界单位多、综合性强，使施工生产的自由性、预见性、可控性及协调性在一定程度上比一般产业差。

（6）项目的生产手工作业和湿作业多，机械化水平低，劳动条件差。

（7）施工作业人员文化素质低，并处于动态调整的不稳定状态中。

（二）职业健康安全与环境管理的目标

（1）控制和杜绝因公负伤、死亡事故的发生（负伤率在6‰以下，死亡率为零）。

（2）达到一般事故频率控制目标（通常在6‰以内）。

（3）无重大设备、火灾、中毒事故及扰民事件。

（4）达到环境污染物控制目标。

（5）达到能源资源节约目标。

（6）及时消除重大事故隐患，一般隐患整改率达到目标（不应低于95%）。

（7）扬尘、噪声、职业危害作业点合格率达到目标（应为100%）。

（8）达到施工现场创建安全文明工地目标。

（9）达到其他需满足的目标。

二、职业健康安全管理体系 TWO

职业健康安全管理体系具有以下作用。

(1) 实施职业健康安全管理体系标准,可以为企业提高职业健康安全绩效提供一个科学、有效的管理手段。

(2) 有助于推动职业健康安全法规和制度的贯彻执行。

(3) 能使企业的职业健康安全管理由被动、强制行为转变为主动、自愿行为,从而促进企业职业健康安全管理水平的提高。

(4) 可以促进我国职业健康安全管理标准与国际接轨,有助于消除贸易壁垒。

(5) 保证职业健康安全,会对企业产生直接和间接的经济效益。

(6) 有助于提高全民的安全意识。

(7) 实施职业健康安全管理体系标准,不仅可以强化企业的安全管理,而且可以完善企业安全生产的自我约束机制,让企业具有强烈的社会责任感,对树立现代优秀企业的良好形象具有非常重要的促进作用。

三、职业健康安全管理的内容 THREE

(1) 现场入口醒目位置公示必要的图、牌。

(2) 规范施工场容场貌,材料堆放整齐,住宿管理有序。

(3) 施工现场环境保护到位,围挡规范,封闭施工,噪声污染符合要求。

(4) 施工现场防火、保安严格。

(5) 注重卫生防疫等其他事项。

四、职业健康安全事故的分类 FOUR

职业健康安全事故按安全事故伤害程度分为三类,即轻伤、重伤和死亡。轻伤指损失 1 个工作日至 105 个工作日的失能伤害;重伤指损失工作日等于或超过 105 工日的失能伤害,重伤的损失工作日最多不超过 6000 工日;死亡指损失工作日超过 6000 工日的失能伤害。

职业健康安全事故按安全事故造成的人员伤亡或直接经济损失分为四类。

(1) 特别重大事故:指造成 30 人(含)以上死亡,或者 100 人(含)以上重伤(包括急性工业中毒,下同),或者 1 亿元(含)以上直接经济损失的事故。

(2) 重大事故:指造成 10 人(含)以上 30 人以下死亡,或者 50 人(含)以上 100 人以下重伤,或者 5000 万元(含)以上 1 亿元以下直接经济损失的事故。

(3) 较大事故:指造成 3 人(含)以上 10 人以下死亡,或者 10 人(含)以上 50 人以下重伤,或者 1000 万元(含)以上 5000 万元以下直接经济损失的事故。

(4) 一般事故:指造成 3 人以下死亡,或者 10 人以下重伤,或者 100 万元(含)以上 1000 万元以下直接经济损失的事故。

五、安全事故报告和调查处理 FIVE

事故报告应当及时、准确、完整,任何单位和个人对事故不得迟报、漏报、谎报或者瞒报。

生产安全事故发生后,受伤者或最先发现事故的人员应立即用最快的传递手段,将事故发生的时间、地点、伤亡人数、事故原因等情况,向施工单位负责人报告;施工单位负责人接到报告后,应当在 1 小时内向事故发生地县级以上人民政府建设主管部门和有关部门报告。

情况紧急时,事故现场有关人员可以直接向事故发生地县级以上人民政府建设主管部门和有关部门报告。实行施工总承包的建设工程,由总承包单位负责上报事故。较大事故、重大事故及特别重大事故逐级上报至国务院建设主管部门;一般事故逐级上报至省、自治区、直辖市人民政府建设主管部门。建设主管部门依照相关规定上报事故情况,应当同时报告本级人民政府。国务院建设主管部门接到重大事故和特别重大事故的报告后,应当立即报告国务院。必要时,建设主管部门可以越级上报事故情况。

生产安全事故调查处理应遵照"四不放过"原则。

(1) 事故原因未查明不放过。

(2) 事故责任者和员工未受到教育不放过。

(3) 事故责任者未处理不放过。

(4) 整改措施未落实不放过。

六、环境保护 SIX

(一) 水污染处理

现制水磨石作业产生的污水,禁止随地排放;现场要设置专用的污水库,并对库房地面作防渗处理。

(二) 空气污染处理

(1) 施工现场外围设置的围挡不得低于 1.8 m。

(2) 对现场有毒有害气体的产生和排放,必须采取有效措施进行严格控制。

(3) 对于多层或高层建筑物内的施工垃圾,应采用封闭的专用垃圾道或容器吊运。

(4) 水泥和其他易飞扬的细颗粒散体材料应密闭存放,施工中应采取有效措施控制施工过程中的扬尘。

(三) 固体废物处理

固体废物的处理方法有物理处理、化学处理、生物处理、热处理、固化处理、回收利用和循环再造。

(四) 噪声污染处理

需要强调的是施工噪声的处理,对产生噪声、震动的施工机械,应采取有效控制措施,减轻噪声扰民。尽量选用低噪声或备有消声降噪设备的机械,在居民密集区进行强噪声施工作业时,要严格控制施工作业时间,晚间作业不超过 22 时,早晨作业不早于 6 时;特殊情况下需昼夜施工时,应尽量采取降噪措施,并会同建设单位做好周围居民的工作,同时报工地所在地的环保部门备案后方可施工。

思考与练习

一、单选题

1. 职业伤害事故按其后果严重程度分类,属于较大伤亡事故的是在一次事故中死亡(　　)的事故。

A. 1 人及以上　B. 3 人及以上　C. 3 至 10 人　D. 10 人及以上

2. 在人口稠密地区进行强噪声作业时，一般停止作业的时间为(　　)。

A. 晚 8:00 至次日早 8:00　B. 晚 9:00 至次日早 7:00

C. 晚 10:00 至次日早 7:00　D. 晚 10:00 至次日早 6:00

3. 施工安全管理计划应在项目开工前编制，经(　　)批准后实施。

A. 项目专职安全员　B. 企业技术负责人

C. 项目技术负责人　D. 项目经理

4. 安全生产(　　)是项目实现安全生产的根本保障。

A. 制度执行　B. 措施落实　C. 资金投入　D. 组织严密

5. 项目经理参加的安全检查(　　)不少于一次。

A. 每周　B. 每旬　C. 每月　D. 每季

6. 施工安全控制程序包括：①安全技术措施计划的落实和实施；②编制建设工程项目安全技术措施计划；③安全技术措施计划的验证；④确定每项具体建设工程项目的安全目标；⑤持续改进。其正确顺序是(　　)。

A. ②—③—④—①—⑤　B. ②—④—①—③—⑤

C. ④—②—①—③—⑤　D. ④—②—③—①—⑤

7. 施工现场大门内必须设置明显的“五牌一图”，其中“一图”是指(　　)。

A. 项目部组织机构图　B. 施工现场平面布置图

C. 工程用地规划布置图　D. 建筑总平面布置图

8. 下列不属于安全生产检查制度的是(　　)。

A. 经常性检查　B. 专项检查　C. 节假日检查　D. 定期检查

9. 装饰工程安全生产达标合格率为(　　)。

A. 90%　B. 95%　C. 100%　D. 95%以上

10. 生产安全事故发生后，施工单位负责人接到报告后，应当在(　　)内向事故发生地县级以上人民政府建设主管部门和有关部门报告。

A. 1 小时　B. 2 小时　C. 12 小时　D. 24 小时

11. 对电工、焊工等特殊工种应进行安全操作训练、考核并持(　　)方可上岗。

A. 建造师证书　B. 特殊工种操作证　C. 安全员证　D. 专业等级证书

12. 施工现场实行全员安全教育，操作人员三级安全教育率应达到(　　)。

A. 90%　B. 95%　C. 100%　D. 95%以上

13. 通常情况下，建筑施工高度超过(　　)时，应配备有足够的消防水源和自救的用水量。

A. 20 m　B. 30 m　C. 40 m　D. 50 m

14. 现场动火，必须经有关部门批准，设专人管理。(　　)风及以上禁止使用明火。

A. 五级　B. 六级　C. 七级　D. 八级

二、多选题

1. 根据我国有关规定，下列情形应当认定为或者视同工伤的有(　　)。

A. 下班途中，受到机动车事故伤害的　B. 因工作受挫，上班期间在办公室自杀的

C. 在工作时间内，突发心脏病死亡的　D. 在抢险救灾活动中受伤的

E. 下班后在现场进行收尾工作而受伤的

2. 各级安全职能人员定期对全体职工进行三级安全教育，其中的“三级”是指施工人员进场作业前进行(　　)的安全教育。

A. 安监站　B. 建设局　C. 作业班组　D. 项目部　E. 公司

3. 生产安全事故发生后，施工单位负责人立即用最快的传递手段，将事故发生的(　　)向事故发生地县级

以上人民政府建设主管部门和有关部门报告。

A. 时间　B. 事故级别　C. 地点　D. 伤亡人数　E. 事故原因

4. 施工现场电力安全标志通常为(　　)。

A. 系安全带　B. 禁止通行　C. 当心有电　D. 小心坠落　E. 禁止合闸

5. 生产安全事故调查处理应遵照的原则是(　　)。

A. 事故原因未查明不放过

B. 事故责任者和员工未受到教育不放过

C. 事故责任者未处理不放过

D. 整改措施未落实不放过

E. 整改措施未制定不放过

6. 施工现场平面布置要充分考虑(　　)、安全等因素,满足施工安全生产的要求。

A. 防爆　B. 防高空坠物　C. 防火　D. 防水　E. 防污染

7. 下列有关建设工程生产安全事故报告和调查处理的表述正确的是(　　)。

A. 实行施工总承包的建设工程,当发生生产安全事故后,由总承包单位负责上报事故

B. 事故调查是落实"四不放过"原则的核心环节

C. 任何情况下,建设主管部门都不能越级上报事故情况

D. 若当月无事故,则可不填报安全事故月报

E. 事故调查报告的内容之一包括事故防范和整改措施

8. 施工现场需做好"四口""五临边"的防护设施,其中"四口"是指(　　)。

A. 阳台口　B. 预留洞口　C. 通道口　D. 楼梯口　E. 电梯井口

9. 下列属于施工安全措施管理制度的是(　　)。

A. 安全施工经济措施的保障和审批制度

B. 安全作业环境和条件管理制度

C. 安全施工技术措施的编制和审批制度

D. 安全施工技术措施实施的管理制度

E. 安全施工技术措施的总结和评价制度

10. 装饰工程项目必须编制的专项应急预案有(　　)。

A. 坍塌事故应急预案　B. 触电事故应急预案　C. 高处坠落应急预案

D. 火灾应急预案　E. 透水事故应急预案

11. 对于大型装饰工程,项目经理应重点组织开展本项目的消防安全"四个能力"建设,切实做到(　　)。

A. 能火场逃生自救、会引导人员疏散

B. 火灾发现早、小火灭得了

C. 小火灭得了、大火能控制

D. 消防设施标志化、消防常识普及化

E. 消防安全自查、火灾隐患自除

12. 装饰工程可能造成的环境污染有(　　)。

A. 大气污染　B. 水污染　C. 噪声污染

D. 放射性污染　E. 固体废物污染

三、案例分析

某建筑装饰装修工程,工程外墙装修用脚手架为一字形钢管脚手架,项目经理安排工人对脚手架进行施工搭设,由于违反作业程序,搭设到 24 m 左右时,脚手架突然向外整体倾覆,架子上作业的 6 名工人一同坠落到地面,后被紧急送往医院抢救,4 人脱离危险,2 人因抢救无效死亡。经调查,搭设脚手架的 6 名工人刚刚进场两天,并非专业架子工,进场后并没有接受三级安全教育,在作业前,也没有对他们进行相应的安全技术交底。

1. "三级安全教育"指的是什么?什么是"三宝""四口"?

2. 该事故属于什么事故?事故报告的内容有哪些?

3. 事故"四不放过"的内容有哪些?

第六章

进度管理

第一节　进度管理的目标和任务

施工进度管理不仅关系到施工进度目标能否实现,而且直接关系到工程的质量和成本。在工程施工实践中,必须在确保施工质量的前提下,控制工程进度。进度控制是一个动态的管理过程,由下列环节组成:进度目标的分析和论证;在收集资料和调查研究的基础上编制进度计划;定期跟踪检查所编制的进度计划的执行情况,若有偏差,则采取纠偏措施,并根据需要调整进度计划。

进度管理的主要任务是编制工程实施计划。施工企业的施工生产计划与建设工程项目施工进度计划虽是两个不同系统的计划,但两者是紧密相关的。前者针对整个企业,后者则针对一个具体工程项目,计划的编制有一个自下而上和自上而下的、往复多次的协调过程。

从计划的功能区分,工程项目进度计划可分为控制性进度计划、指导性进度计划和实施性进度计划。实施性施工进度计划的主要作用是确定计划期内施工作业的具体安排,确定人工、施工机械、装饰材料及资金的需求量。

装饰工程项目通常根据项目具体情况编制季度、月度施工计划和旬施工作业进度计划。其中,月度施工计划和旬施工作业进度计划是用于直接组织施工作业的计划,是实施性施工进度计划,都需要详细反映计划期内施工作业的名称、实物工程量、工作持续时间等内容,以及各施工作业持续相应日历天的安排和各施工作业的施工顺序。

一、进度管理的主要环节和相关资源需求计划　ONE

1. 进度管理的主要工作环节

施工方进度控制的任务是依据施工任务合同对施工进度的要求控制施工进度。这是施工方履行合同的义务。施工方进度控制的主要工作环节包括如下一些。

(1) 编制施工进度计划及相关的资源需求计划。

(2) 组织施工进度计划的实施。

(3) 施工进度计划的检查与调整。

2. 相关资源需求计划

施工方应视装饰工程的特点和工期需要编制不同深度的进度计划,为确保施工进度计划能够顺利实施,同时要编制劳动力需求计划、物资需求计划及资金需求计划。

二、组织施工进度计划的实施 TWO

施工进度计划的实施是指按进度计划的要求组织人力、物力和财力进行施工。在进度计划实施过程中,应进行下列工作。

(1) 跟踪检查,收集实际进度数据。

(2) 将实际数据与进度计划对比。

(3) 分析计划执行情况。

(4) 对产生的进度偏差采取措施予以纠正,或调整计划。

(5) 检查措施的落实情况。

(6) 进度计划的变更必须与相关单位和部门及时沟通。

三、施工进度计划的检查和调整 THREE

1. 施工进度计划检查的内容

(1) 检查工程量的完成情况。

(2) 检查工作时间的执行情况。

(3) 检查资源使用及进度保证的情况。

(4) 前一次进度计划检查提出问题的整改情况。

2. 编制施工报告

进行施工进度计划检查后,应根据下列内容编制施工报告。

(1) 进度计划实施情况的综合描述。

(2) 实际工程进度与计划进度的比较。

(3) 进度计划在实施过程中存在的问题。

(4) 进度计划执行情况对工程质量、安全和成本的影响。

(5) 将采取的措施。

(6) 进度的预测。

3. 施工进度计划的调整

(1) 工程量的调整。

(2) 工作(工序)起止时间的调整。

(3) 工作关系的调整。

(4) 资源提供条件的调整。

(5) 必要目标的调整。

第二节 施工与进度计划的编制

一、施工 ONE

每一项装饰工程合同都规定了工期,施工单位原则上必须保证在有限的工期内完成一个繁杂的项目。施工中,通常将一个装饰工程分为若干个施工阶段,每个施工过程由一个或多个施工班组完成,即在同一个施工工地上,由不同工种、不同班组参与施工,如何组织各施工班组协调工作,统筹安排不同工种的衔接,是工程进度控制的重点。

工程施工作业顺序通常有两种:流水施工和网络施工。按时间顺序或工种顺序排列的施工作业称为流水施工,以流水作业施工的顺序制订的进度计划称为流水施工作业计划。实践中,按照单一的流水作业进度计划施工仅适用于简单的小型工程,对于较复杂的大、中型工程往往会造成不必要的资源浪费。而"网络"形式的作业是将不同工种的人员、机具等资源在时间、空间上进行有机组合和统筹安排,使有限的资源达到效益最大化,对于较复杂的大型工程效果尤为显著,以此形式制订的工程进度计划称为工程网络计划。装饰工程是根据空间艺术装饰的要求按工艺流程、资源利用的顺序进行施工的,通常采用流水施工作业。常用的施工组织形式有依次施工、平行施工和流水施工三种。

1. 依次施工

依次施工也称顺序施工,是将工程任务分解成若干施工过程,按照一定的施工顺序,前一个施工过程完成后,后一个施工过程才开始施工;或前一个施工段完成后,后一个施工段才开始施工。

依次施工的优点是施工现场管理简单,便于组织和安排。依次施工的缺点是按施工段依次施工,容易造成工人窝工,导致工期加长;按施工过程依次施工,工作面不能充分利用,导致工期加长。依次施工常用于施工工作面有限的小规模工程。

2. 平行施工

平行施工是指全部工程任务的各施工段同时开工、同时完成的一种施工组织方式。平行施工的优点是充分利用工作面,完成工程任务的时间短。平行施工的缺点是施工队组数成倍增加,机具设备也相应增加,材料供应集中,临时设施、仓库和堆场面积增加,从而造成组织安排和施工管理困难,施工管理费用增加。平行施工适用于工期紧的大规模建筑群及分批分期组织施工的工程任务。

3. 流水施工

流水施工是指所有的施工过程按一定的时间间隔依次投入施工,各个施工过程陆续开工、陆续竣工,使相同施工过程的施工队保持连续、均衡施工,不同的施工过程尽可能平行搭接施工的组织方式。流水施工有明显的技术经济效果。

(1) 按专业工种建立劳动组织,实行生产专业化,有利于劳动生产率的不断提高。

(2) 科学地安排施工进度,使各施工过程在保证连续施工的条件下最大限度地实现搭接施工,从而减少了因组织不善而造成的停工、窝工损失,合理地利用了施工的时间和空间,有效地缩短了施工工期。

(3) 施工的连续性、均衡性使劳动消耗、物资供应、机械设备利用等处于相对平稳状态,充分发挥管理效能,降低工程成本。

三种施工组织方式的优缺点对照如表 2-1 所示。

表 2-1 三种施工组织方式的优缺点对照

施工组织方式	工　期	成本支出	工作面利用	施工连续性	管理难度
依次施工	最长	正常	不充分	窝工	正常
平行施工	最短	多	正常	正常	大
流水施工	适中	正常	充分	连续	正常

二、进度计划的编制 TWO

项目施工的月度计划和旬施工作业进度计划是用于直接组织施工作业的计划。它们是实施性施工进度计划。旬施工作业进度计划是月度施工计划在一个旬中的具体安排。实施性施工进度计划的编制应结合工程施工的具体条件,并以控制性施工进度计划所确定的里程碑事件的进度目标为依据。施工进度计划的主要作用如下。

(1) 确定施工作业的具体安排。

(2) 确定(或据此可计算)一个月度或旬的人工需求(工种和相应的数量)。

(3) 确定(或据此可计算)一个月度或旬的施工机械需求(机械名称和数量)。

(4) 确定(或据此可计算)一个月度或旬的建筑材料(包括成品、半成品和辅助材料等)的需求(建筑材料的名称和数量)。

(5) 确定(或据此可计算)一个月度或旬的资金需求等。

(一) 横道图

横道图是一种最简单且运用最广泛的传统的计划方法,尽管有许多新的计划技术,横道图在工程进度计划领域的应用还是非常普遍的。

通常横道图的表头为工作及其简要说明,项目进展表示在时间表格中。按照所表示工作的详细程度,时间单位可以为小时、天、周、月等。通常这些时间单位用日历表示,还可以表示非工作时间,如停工时间、公共假日、假期等。根据此横道图使用者的要求,工作可按照时间先后、责任、项目、对象、同类资源等进行排序。

横道图的另一种可能的形式是将工作简要说明直接放在横道上,这样,一行上可容纳多项工作,这种形式一般运用在重复性的任务上。横道图也可将最重要的逻辑关系标注在图中,如果将所有逻辑关系均标注在图中,则横道图的最大优点-简洁性将丧失。

横道图一般用于小型项目或大型项目的子项目,或用于计算资源需要量、概要预示进度,也可用于其他计划技术的表示结果。

横道图计划表中的进度线(横道)与时间坐标相对应,这种表达方式较直观易懂,计划编制者的意图一目了然。但是,横道图进度计划法也存在一些问题。

(1) 工序(工作)之间的逻辑关系可以设法表达,但不易表达清楚。

(2) 适用于手工编制计划。

(3) 没有通过严谨的进度计划、时间参数计算,不能确定计划的关键工作、关键线路与时差。

(4) 计划调整只能用手工方式进行,其工作量较大。

(5) 难以适应大的进度计划系统。

【例 2-1】 某四层办公室室内装修,其每层的施工过程及工程量见表 2-2,试分别画出依次施工、平行施工和流水施工的横道图和劳动力动态曲线图。

表 2-2　每层的施工过程及工程量

序　　号	施工过程	工　程　量	产量定额	劳　动　量	班组人数	施工天数
1	吊顶	210 m^2	7 m^2/工日	30 工日	30	1
2	油漆	30 m^2	1.5 m^2/工日	20 工日	20	1
3	贴墙纸	40 m^2	1 m^2/工日	40 工日	40	1
4	铺地毯	140 m^2	7 m^2/工日	20 工日	20	1

解

(1) 依次施工(顺序施工)。

依次施工(顺序施工)如表 2-3 所示。

表 2-3　依次施工(顺序施工)

层号	施工进度/天															
	1	2	3	4	5	6	7	8	9	10	11	12	13	14	15	16
四	吊	漆	贴	铺												
三					吊	漆	贴	铺								
二									吊	漆	贴	铺				
一													吊	漆	贴	铺

劳动力动态曲线如图 2-1 所示。

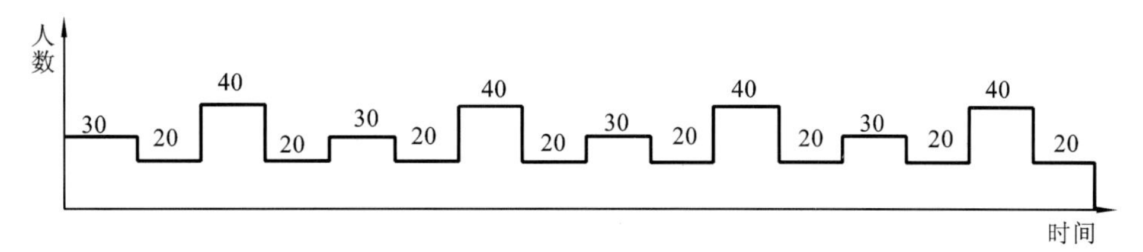

图 2-1　劳动力动态曲线一

(2) 平行施工。

平行施工如表 2-4 所示。

表 2-4　平行施工

层　　号	施工进度/天			
	1	2	3	4
四	吊	漆	贴	铺
三	吊	漆	贴	铺
二	吊	漆	贴	铺
一	吊	漆	贴	铺

劳动力动态曲线如图 2-2 所示。

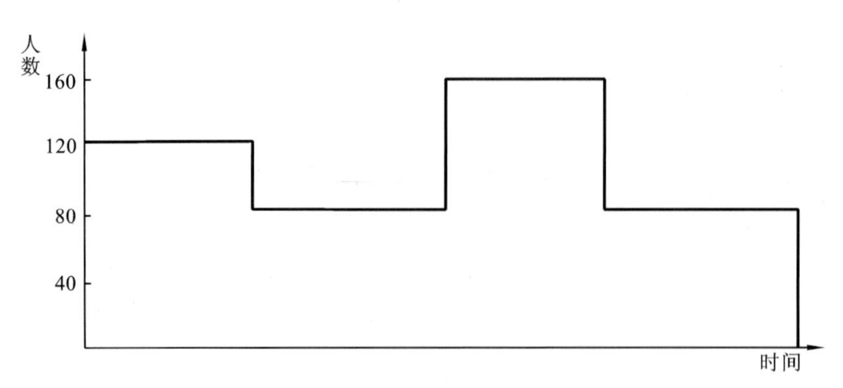

图 2-2 劳动力动态曲线二

(3) 流水施工。

流水施工如表 2-5 所示。

表 2-5 流水施工

层 号	施工进度/天						
	1	2	3	4	5	6	7
四	吊	漆	贴	铺			
三		吊	漆	贴	铺		
二			吊	漆	贴	铺	
一				吊	漆	贴	铺

劳动力动态曲线如图 2-3 所示。

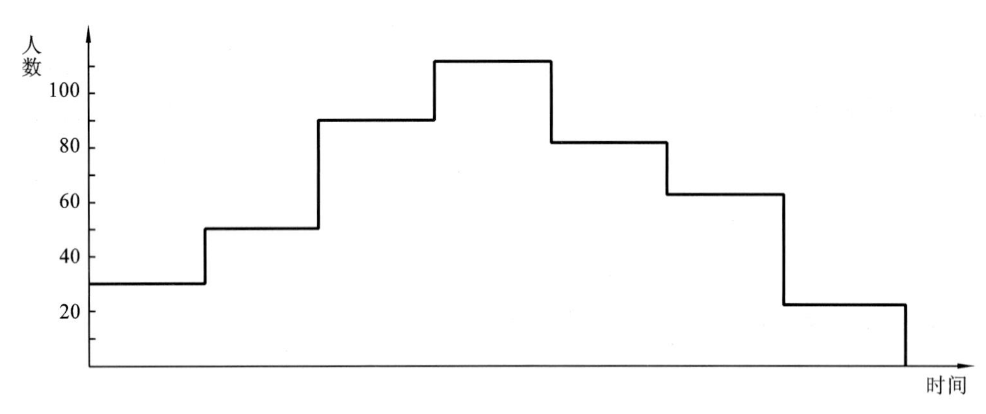

图 2-3 劳动力动态曲线三

【例 2-2】 某装饰公司承接了一个会展中心内 5 间展厅的装饰项目。已知各间展厅面积相等，且装修内容均为吊顶、内墙面装饰、地面铺装和细部工程等 4 项分部工程。根据本公司的施工人员构成状况，确定每项分部工程的施工时间均为 3 天。

问题：

(1) 计算该工程的计划工期有多少天。

(2) 绘制该装饰工程流水施工横道图。

解 (1) 工期＝(5＋4－1)×3 天＝24 天。

(2) 流水施工横道图如表 2-6 所示。

表 2-6 流水施工横道图

施工过程（分部工程）	施工进度/天																							
	1	2	3	4	5	6	7	8	9	10	11	12	13	14	15	16	17	18	19	20	21	22	23	24
吊顶		①			②			③			④			⑤										
内墙面装饰					①			②			③			④			⑤							
地面铺装								①			②			③			④			⑤				
细部工程											①			②			③			④			⑤	

（二）施工网络计划

按一个独立的单体项目编制的施工网络计划，称为单体工程施工网络计划，可以指导单体工程从开工到竣工的全部过程。单体工程施工网络计划是施工组织设计的主要内容之一。

单体工程施工网络计划表示两种逻辑关系，即工艺关系和组织关系。工艺关系是由工艺技术要求形成的工作之间的先后顺序关系。例如部位之间、工种之间、楼层之间的关系等，基本上都属于工艺关系。工艺关系取决于施工方法，不可随意变更和违背，否则将不能施工，或造成质量问题及安全事故，导致返工和浪费。组织关系是由劳动力、材料和机械等资源的组织安排需要形成的工作之间的先后顺序关系。它是人为的关系，是可变的，可以优化决定。例如施工段的先后施工、室内室外的先后顺序、地面和顶棚之间的先后关系等，都属于组织关系。

正确理解单体工程施工网络计划的两种逻辑关系有三点好处：一是在编制计划之前，将关系搞清楚；二是在编制计划时将工作关系表达清楚、完全；三是当需要调整网络计划时，只能调整组织关系。

网络计划以网络图形来表达计划中各项工作之间相互依赖、相互制约的关系，分析其内在规律，可以寻求最优方案。网络计划技术的特点如下。

(1) 能全面、明确地反映各项工作开展的先后顺序和它们之间相互制约、相互依赖的关系。

(2) 可以进行各种时间参数的计算。

(3) 能在工作繁多、错综复杂的计划中找出影响工程进度的关键工作和关键线路，便于管理者抓住主要矛盾，集中精力确保工期，避免盲目施工。

(4) 能够从许多可行方案中选出最优方案。

(5) 保证自始至终对计划进行有效的控制与监督。

(6) 利用网络计划中反映出的各项工作的时间储备，可以更好地调配人力、物力，以达到降低成本的目的。

(7) 可以利用计算机进行计算、优化、调整和管理。

(8) 在计算劳动力、资源消耗量时，与横道图相比较为困难。

常用的网络计划有单代号网络计划、双代号网络计划和双代号时标网络计划。

1. 单代号网络计划

单代号网络计划通过节点、箭线和线路表示工作的逻辑关系，绘图简单，便于修改，如图 2-4 所示。但是由于工作持续时间表示在节点之中，没有长度，故不够形象直观；同时，表示工作逻辑关系的箭线可能产生较多的纵横交叉现象。

2. 双代号网络计划

双代号网络计划用来表示可以独立存在，需要消耗一定时间和资源，能够定以名称的活动；或只表示某些活动之间的相互依赖、相互制约的关系，而不需要消耗时间、空间和资源的活动，它由工作（过程、工序、活动）、节点、线路三个基本要素组成，如图 2-5 所示。

图 2-4　单代号网络计划

图 2-5　双代号网络计划

1）工作的分类

(1) 需要消耗时间和资源的工作。

(2) 只消耗时间而不消耗资源的工作。

(3) 不需要消耗时间和资源、不占用空间的工作。

2）工作的表示方法

(1) 实工作：由两个带有编号的圆圈和一条实箭线组成。

(2) 虚工作：由两个带有编号的圆圈和一条虚箭线组成。

水泥石子磨平地面施工网络图如图 2-6 所示。

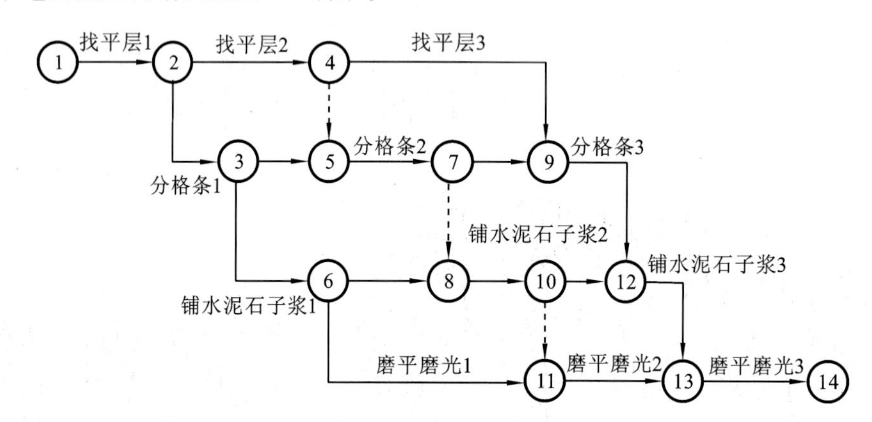

图 2-6　水泥石子磨平地面施工网络图

3. 双代号时标网络计划

双代号时标网络计划必须以水平时间坐标为尺度表示工作时间。时标的时间单位应根据需要在编制网络计划之前确定，可为时、天、周、月或季。时标网络计划中所有符号在时间坐标上的水平投影位置，都必须与其时间参数相对应。节点中心必须对准相应的时标位置。时标网络计划中虚工作必须以垂直方向的虚箭线表示，有自由时差时加波形线表示。双代号时标网络计划是以水平时间坐标为尺度编制的双代号网络计划，其主要特点如下。

(1) 时标网络计划兼有网络计划与横道计划的优点，能够清楚地表明计划的时间进程，使用方便。

(2) 时标网络计划能在图上直接显示出各项工作的开始与完成时间、工作的自由时差及关键线路。

(3) 在时标网络计划中可以统计每一个单位时间对资源的需要量，以便进行资源优化和调整。

(4) 由于箭线受到时间坐标的限制，当情况发生变化时，对网络计划的修改比较麻烦，往往要重新绘图。

1）时标网络计划分类

时标网络计划可分为早时标网络计划和迟时标网络计划。早时标网络计划是按节点最早时间绘制的网络计划。迟时标网络计划是按节点最迟时间绘制的网络计划。

2）时标网络计划编制

时标网络计划宜按各项工作的最早开始时间编制。在编制时标网络计划之前，应先按已确定的时间单位绘制出时标计划表。

(1) 间接法绘制。

先绘制出时标计划表,计算各工作的最早时间参数,再根据最早时间参数在时标计划表上确定节点位置,连线完成,某些工作箭线长度不足以到达该工作的完成节点时,用波形线补足,箭头应画在波形线与该工作完成节点的连接处。

(2) 直接法绘制。

根据网络计划中工作之间的逻辑关系及各工作的持续时间,直接在时标计划表上绘制时标网络计划。绘制步骤如下。

① 将起点节点定位在时标计划表的起始刻度上。

② 按工作持续时间在时标计划表上绘制起点节点的外向箭线。

③ 其他工作的开始节点必须在其所有紧前工作都绘出以后,定位在这些紧前工作最早完成时间最大值的时间刻度上,某些工作的箭线长度不足以到达该节点时,用波形线补足,箭头画在波形线与节点连接处。

④ 用上述方法从左至右依次确定其他节点的位置,直至绘出网络计划的终点节点,绘图完成。

通常情况下,工作项目较少、工艺过程比较简单的工程较适合编制时标网络计划,另外,局部网络工程、作业性网络工程和使用实际进度前锋线进行进度控制的网络计划,也适合编制时标网络计划。

在绘制时标网络计划时,特别需要注意的问题是处理好虚箭线。首先,将虚箭线与实箭线等同看待,只是虚箭线对应工作的持续时间为零;其次,尽管它本身没有持续时间,但可能存在波形线,因此,要按规定画出波形线。在画波形线时,其垂直部分仍应为虚线。

3) 时间参数

(1) 关键线路的判定。

时标网络计划中的关键线路可从网络计划的终点节点开始,逆着箭线方向进行判定。凡自始至终不出现波形线的线路即为关键线路。因为不出现波形线,就说明在这条线路上相邻两项工作之间的时间间隔全部为零,也就是在计算工期等于计划工期的前提下,这些工作的总时差和自由时差全部为零。

(2) 计算工期的判定。

网络计划的计算工期应等于终点节点所对应的时标值与起点节点所对应的时标值之差。

除以终点节点为完成节点的工作外,工作箭线中波形线的水平投影长度表示工作与其紧后工作之间的时间间隔。

(3) 工作六个时间参数的判定。

① 工作最早开始时间和最早完成时间的判定。

工作箭线左端节点中心所对应的时标值为该工作的最早开始时间。当工作箭线中不存在波形线时,其右端节点中心所对应的时标值为该工作的最早完成时间;当工作箭线中存在波形线时,工作箭线实线部分右端点所对应的时标值为该工作的最早完成时间。

② 工作总时差的判定。

工作总时差的判定应从网络计划的终点节点开始,逆着箭线方向依次进行。以终点节点为完成节点的工作,其总时差应等于计划工期与本工作最早完成时间之差。其他工作的总时差等于其紧后工作的总时差加本工作与该紧后工作之间的时间间隔所得之和的最小值。

③ 工作自由时差的判定。

以终点节点为完成节点的工作,其自由时差应等于计划工期与本工作最早完成时间之差。事实上,以终点节点为完成节点的工作,其自由时差与总时差必然相等。其他工作的自由时差就是该工作箭线中波形线的水平投影长度。但当工作之后只紧接虚工作时,则该工作箭线上一定不存在波形线,而其紧接的虚箭线中波形线水平投影长度的最短者为该工作的自由时差。

④ 工作最迟开始时间和最迟完成时间的判定。

工作的最迟开始时间等于本工作的最早开始时间与其总时差之和,工作的最迟完成时间等于本工作的最早完成时间与其总时差之和。

时标网络计划中时间参数的判定结果应与网络计划时间参数的计算结果完全一致。

双代号时标网络计划如图 2-7 所示。

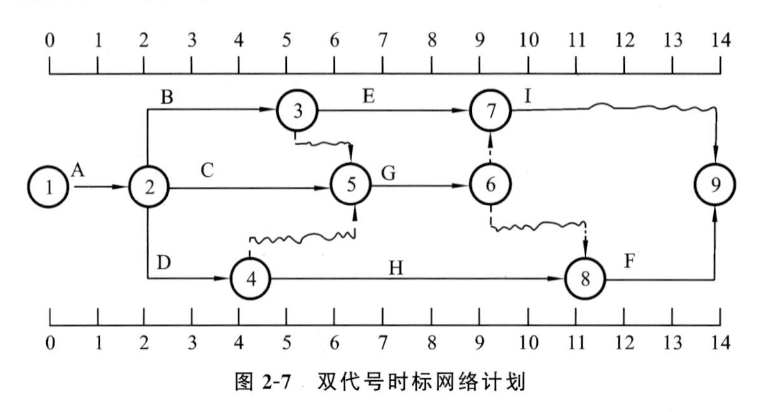

图 2-7 双代号时标网络计划

三、施工顺序与进度计划 THREE

装饰工程分为室外装饰工程和室内装饰工程。室外和室内装饰工程的施工顺序通常有先内后外、先外后内和内外同时进行三种。具体选择哪种顺序,可根据现场施工条件和气候条件以及合同工期要求来确定。通常外装饰湿作业、涂料等项目施工应尽可能避开冬雨季进行,干挂石材、玻璃幕墙、金属板幕墙等干作业施工一般受气候影响不大。外墙湿作业施工一般是自上而下(石材墙面除外),干作业施工一般自下而上进行。

室内装饰施工的主要内容有顶棚、地面、墙面装饰,门窗安装和油漆、固定家具安装和油漆,以及相应配套的水、电、风口(板)安装和灯饰、洁具安装等,施工顺序根据具体条件不同而不同。其基本原则是先湿作业后干作业,先墙顶后地面,先管线后饰面。房间使用功能不同,做法不同,其施工顺序也不同。

确定施工顺序时应考虑以下因素。

(1) 遵循施工总程序。施工总程序规定了各阶段的先后顺序,在考虑施工顺序时应与之相符。

(2) 符合施工工艺要求。如纸面石膏板吊顶工程的施工顺序为:顶内各管线施工完毕—打吊杆—吊主龙骨—电扫管穿线、水管打压、风管保温—次龙骨安装—安装罩面板—涂料。

(3) 符合施工组织要求。

(4) 符合施工安全和质量要求。如外装饰应在无屋面作业的情况下施工,地面施工应在无吊顶作业的情况下进行,大面积刷油漆应在作业面附近无电焊的条件下进行。

(5) 充分考虑气候条件的影响。如雨季天气太潮湿,不宜安排油漆施工;冬季室内装饰施工时,应先安门窗扇和玻璃,后做其他装饰项目;高温情况下不宜安排室外金属饰面板类的施工等。

装饰工程施工内容、进度安排和空间组织应符合工程自身特点。其进度安排应明确说明施工流向、施工顺序,应符合工序逻辑关系,装饰工程的施工顺序和流向有多种方案可供选择,较常用的有三种。

(1) 自上而下的施工顺序和流向:这种方案是一种常用的施工方案。自上而下的施工起点流向通常是指主体结构工程封顶、做好屋面防水层后,从顶层开始,逐层往下进行。

(2) 自下而上的起点流向:指当结构工程施工到一定层后,装饰工程从最下一层开始,逐层向上进行。

(3) 自中而下再自上而中的起点流向:综合了上述两者的优缺点,适用于新建工程的中高层建筑装饰工程。

施工顺序与进度计划如图 2-8 所示。

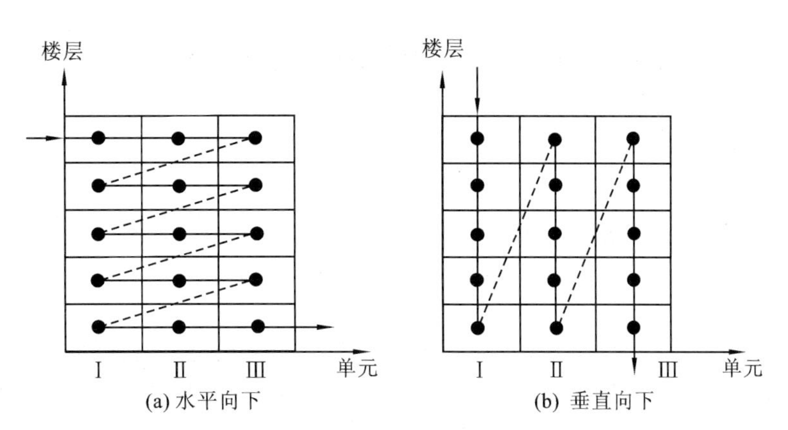

图 2-8 施工顺序与进度计划

施工顺序是指分部分项工程施工的先后顺序。合理确定施工顺序是编制施工进度计划,组织分部、分项工程施工的需要,也是为了解决各工种之间的搭接问题、减少工种间的交叉破坏,以期达到预定质量目标,充分利用工作面,实现缩短工期的目的。如某项目四层的施工顺序采用按分项工程立体交叉流水作业,即 4→3→2→1。每层先客房及公共用房,后走廊及交通部分。每间公共用房施工顺序为:清理—放线—墙体基层处理—顶棚龙骨—机电线路改造、安装、调试—顶棚封顶、细部装修—墙面线盒安装—木门—地面基层—墙面装饰层—细木装饰、油漆—花饰、五金、灯具安装—家具放置—清理封门、成品保护。每个施工段的施工顺序如图 2-9 所示。

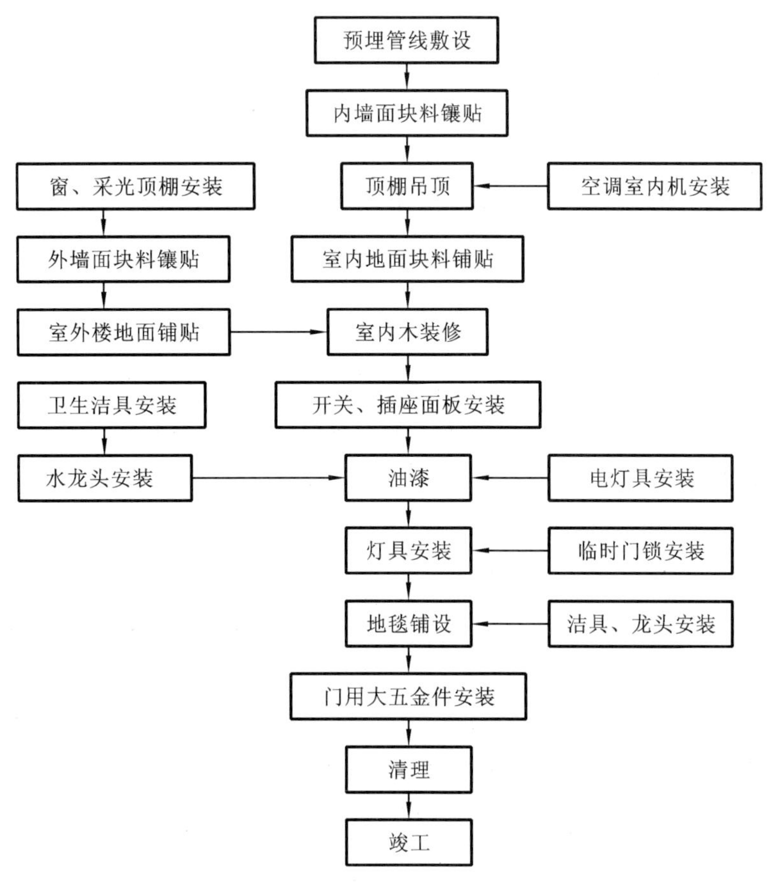

图 2-9 每个施工段的施工顺序

第三节　施工进度控制的措施

施工进度控制的措施主要包括组织措施、管理措施、经济措施和技术措施。

一、施工进度控制的组织措施　ONE

(1) 组织是目标能否实现的决定性因素,为实现项目的进度目标,应充分重视健全项目管理的组织体系。

(2) 在项目组织结构中应有专门的工作部门和具备进度控制岗位资格的专人负责进度控制工作。

(3) 进度控制的主要工作环节包括进度目标的分析和论证、编制进度计划、定期跟踪进度计划的执行情况、采取纠偏措施以及调整进度计划。这些工作任务和相应的管理职能应在项目管理组织设计的任务分工表和管理职能分工表中标示并落实。

(4) 编制施工进度控制的工作流程。

(5) 进度控制工作包含了大量的组织和协调工作,而会议是组织和协调的重要手段,应掌握有关进度,控制会议的组织设计。

二、施工进度控制的管理措施　TWO

通常情况下,施工进度控制在管理观念方面存在的主要问题是缺乏进度计划系统的观念、缺乏动态控制的观念、缺乏进度计划多方案比较和选优的观念。因此,施工管理必须树立科学、积极的进度管理观念。

(1) 施工进度控制的管理措施涉及管理的思想、管理的方法、管理的手段、承发包模式、合同管理和风险管理等。

(2) 用工程网络计划的方法编制进度计划,必须很严谨地分析和考虑工作之间的逻辑关系,通过工程网络的计算可发现关键工作和关键线路,也可知道非关键工作可使用的时差,采用工程网络计划的方法有利于实现进度控制的科学化。

(3) 承发包模式的选择直接关系到工程实施的组织和协调。

(4) 为实现进度目标,不但应进行进度控制,而且应注意分析影响工程进度的风险,并在分析的基础上采取风险管理措施,以减小进度失控的风险。常见的影响工程进度的风险有组织风险、管理风险、合同风险、资源(人力、物力和财力)风险及技术风险等。

(5) 应重视信息技术在进度控制中的应用,比如相应的软件、局域网、互联网及数据处理设备等。信息技术的应用有利于提高进度信息处理效率,有利于提高进度信息的透明度,有利于促进进度信息的交流和项目各参与方的协同工作。

另外,涉及工程资金需求计划和有利于加进度的经济激励措施,以及对实现施工进度目标有利的设计技术和施工技术的选用同样有效。

思考与练习

一、单选题

1. 装饰工程施工阶段进度控制的主要任务是(　　)。

A. 调查和分析工程环境及施工现场条件　　B. 编制工程年度、季度、月度施工进度计划

C. 进行工程项目工期目标和进度控制决策　　D. 编制年度竣工投产支付使用费用

2. 在工程施工实践中，必须树立和坚持一个最基本的工程管理原则，即控制工程的进度，前提是确保(　　)。

A. 经济效益　　B. 设计标准　　C. 工程质量　　D. 投资规模

3. 建设工程项目进度控制的经济措施包括(　　)。

A. 优化项目设计方案　　B. 分析和论证项目进度目标

C. 编制资源需求计划　　D. 选择项目承发包模式

4. 某施工方的施工进度控制环节有：①编制施工进度计划；②组织施工进度计划实施；③编制资源需求计划；④进度计划检查与调整。其控制顺序正确的是(　　)。

A. ①③②④　　B. ①②④③　　C. ①②③④　　D. ③②①④

5. 为了加快施工进度，施工协调部门根据项目经理的要求，落实有关夜间施工条件，组织夜间施工的工作，属于管理职能中的(　　)环节。

A. 执行　　B. 检查　　C. 决策　　D. 筹划

6. 就建设工程项目进度控制的主要工作环节而言，其正确的工作程序为(　　)。

A. 编制计划、目标的分析和论证、调整计划、跟踪计划的执行

B. 编制与调整计划、跟踪计划的执行、目标的分析和论证

C. 目标的分析和论证、跟踪计划的执行、编制与调整计划

D. 目标的分析和论证、编制计划、跟踪计划的执行、调整计划

7. 施工方进度控制的任务是(　　)。

A. 根据施工任务委托合同对施工进度的要求控制施工进度

B. 控制整个项目实施阶段的进度

C. 依据施工组织设计对施工进度的要求控制施工进度

D. 依据建设单位对项目动用的要求控制施工进度

8. 建设工程项目进度控制的技术措施是(　　)。

A. 选择工程承发包模式　　B. 调整施工方法

C. 设立进度控制工作部门　　D. 编制工程风险应急计划

9. 作为建设工程项目进度控制的依据，建设工程项目进度计划系统应(　　)。

A. 在项目的前期决策阶段建立　　B. 在项目的初步设计阶段完善

C. 在项目的进展过程中逐步形成　　D. 在项目的准备阶段建立

10. 横道图进度计划的优点是(　　)。

A. 便于确定关键工作　　B. 工作之间的逻辑关系表达清楚

C. 表达方式直观　　D. 工作时差易于分析

11. 在建设工程项目进度控制工作中，分析和论证进度目标的目的是分析和论证(　　)。

A. 进度目标的合理性及实现的可能性

B. 进度目标实现措施的经济性和可操作性

C. 进度目标与成本目标、质量目标的匹配性

D. 进度目标与成本目标、质量目标的一致性

12. 在建设工程项目管理机构中，应有专门的工作部门和具备进度控制岗位资格的专人负责进度控制工作，这是进度控制中重要的(　　)。

A. 组织措施　　B. 合同措施　　C. 经济措施　　D. 技术措施

13. 运用动态控制原理实施工程项目的进度控制，下列各项工作中应首先进行的工作是(　　)。

A. 对工程进度的总目标进行逐层分解　　B. 定期对工程进度计划值和实际值进行对比

C. 分析进度偏差产生的原因及其影响　　D. 按照进度控制的要求，收集工程进度实际值

二、多选题

1. 施工企业在检查施工进度计划后编制进度报告，其内容包括(　　)。

A. 进度计划的编制说明
B. 实际工程进度与计划进度的比较
C. 进度计划在实施过程中存在的问题及其原因分析
D. 进度计划执行情况对工程质量、安全和施工成本的影响情况
E. 进度的预测

2. 进度控制的主要工作环节包括(　　)。

A. 编制时间控制计划　　B. 编制进度计划
C. 进度目标分析和论证　　D. 调整进度计划
E. 跟踪进度计划执行情况，采取纠偏措施

3. 下列为施工进度控制的管理措施的是(　　)。

A. 合同管理　B. 风险管理　C. 组织管理　D. 现场管理　E. 管理的思想

4. 根据进度计划的功能不同，工程项目进度计划可分为(　　)。

A. 单代号网络计划　　B. 双代号网络计划　　C. 控制性进度计划
D. 实施性进度计划　　E. 指导性进度计划

5. 实施性施工进度计划的主要作用是确定计划期内施工作业的具体安排，确定(　　)。

A. 施工机械需求量　　B. 人工需求量　　C. 资金需求量
D. 管理费需求量　　E. 装饰材料需求量

6. 为了有效地控制工程项目的施工进度，施工方应根据工程项目的特点和施工进度控制的需要，编制(　　)。

A. 项目动用前准备阶段的工作计划　　B. 年度、季度、月度和旬施工计划
C. 采购计划、供货进度计划　　D. 设计准备工作计划、设计进度计划
E. 控制性、指导性和实施性的施工进度计划

7. 施工进度控制的措施主要包括(　　)。

A. 经济措施　B. 管理措施　C. 计划措施　D. 组织措施　E. 技术措施

8. 常用的施工组织形式有(　　)。

A. 平行施工　B. 依次施工　C. 网络施工　D. 流水施工　E. 交叉施工

三、案例分析

某四层别墅室内装饰，每层的施工过程及工程量等见表 2-7，试画出流水施工横道图及劳动力动态曲线图，并计算出所需要的总工期。

表 2-7　每层的施工过程及工程量

施工过程	工程量	班组人数	施工天数
吊顶	210 m^2	30	5
油漆	30 m^2	20	3
贴墙纸	40 m^2	40	3
铺地毯	140 m^2	20	1

第七章

成本管理

第一节　装饰工程计价方法

装饰工程计价方法有定额计价法、工程量清单计价法和市场协商报价法三种。其中，工程量清单计价法是目前我国建筑行业通用的计价方法。

一、定额计价法 ONE

定额计价法也称传统计价法，是指以工程项目的设计施工图纸、计价定额（概预算定额）、费用定额、施工组织设计或施工方案等文件资料为依据计算和确定工程造价的一种计价方法。

在我国实行计划经济的几十年里，建设单位和装饰企业按照国家的规定，都采用这种定额计价模式计算拟建工程项目的工程造价，并将其作为结算工程价款的主要依据。

在定额计价模式中，政府作为运行的主体，以法定的形式进行工程价格构成的管理，而与价格行为密切相关的装饰市场主体——发包人和承包人却没有决策权与定价权，其主体资格形同虚设，影响了发包人投资的积极性，抹杀了承包人生产经营的主动性。

二、工程量清单计价法 TWO

改革开放以后，随着社会主义市场经济体制的建立和逐步完善，由政府定价的定额计价模式已不能适应我国装饰市场的发展，更不能满足与国际接轨的需要，工程量清单计价模式随着工程造价管理体系改革的深化应运而生，建筑产品的价格逐渐由政府指导价过渡到政府调控价。

工程量清单是指拟建工程的分部分项工程项目、措施项目、其他项目、零星工作项目的名称和相应数量的明细清单，由分部分项工程量清单、措施项目清单、其他项目清单、零星工作项目表等内容组成。

工程量清单是招标文件和工程合同的重要组成部分，是编制招标工程控制价、投标报价、签订工程合同、调整工程量、支付工程进度款和办理竣工结算的依据。

为了规范装饰工程投标报价的计价行为，统一装饰工程工程量清单的编制和计价方法，维护招标人和投标人的合法权益，促进装饰的市场化进程，根据《中华人民共和国招标投标法》以及住房和城乡建设部颁发的《建筑工程施工发包与承包计价管理办法》《建设工程工程量清单计价规范》等一系列政策法规的规定，从 2003 年 7 月 1 日起，在装饰工程招标投标的投标报价活动中，全面推行装饰工程工程量清单计价的报价方法，即招标人必须按照《建设工程工程量清单计价规范》的规定编制装饰工程工程量清单，并列入招标文件中提供给投标人，投标人也必须按照《建设工程工程量清单计价规范》的要求填报装饰工程工程量清单计价表，并据此进行投标报价。

（一）工程量清单计价的特点

1. 强制性

工程量清单计价是建设主管部门按照国家标准强制要求执行的，规定全国使用国有资金或以国有资产投资为主的大中型建设工程应按计价规范规定执行；同时明确了工程量清单是建设工程招标文件的组成部分，并规定了招标人在编制工程量清单时必须遵守的规则：统一项目编码、统一项目名称、统一计量单位、统一工程量计算规则。

2. 简洁性与实用性

在工程量清单项目及计算规则的项目名称上表现的是工程实体项目，项目名称明确清晰，计算规则简洁明了。除此之外，还特别列有项目特征和工程内容，便于编制工程量清单时确定具体项目名称和投标报价。同时，由于统一提供了工程量清单，简化了投标报价的计算过程，减少了重复劳动。

3. 通用性

中国经济日益融入全球市场，相关企业海外投资和经营的项目也在增加，工程量清单计价可以与国际惯例接轨，有利于提升国内企业参与国际竞争的能力，也有利于提高工程建设的管理水平。

（二）工程量清单计价的作用

1. 给企业提供一个平等竞争的平台

采用施工图预算进行投标报价，由于设计图纸的缺陷，不同施工企业的人员理解不一，计算出的工程量也不同，报价也相去甚远，容易产生纠纷。而工程量清单报价就为投标者提供了一个平等竞争的平台，相同的工程量，由企业根据自身的实力填报不同的单价。投标人的这种自主报价，使得企业的优势体现到投标报价中，可在一定程度上规范建筑市场秩序，确保工程质量。

2. 满足市场经济条件下竞争的需要

招标投标过程就是竞争的过程，招标人提供工程量清单，投标人根据自身情况确定综合单价，利用综合单价和工程量逐项计算每个项目的合价，再分别填入工程量清单表内，计算出投标总价。单价成了决定性因素，定高了不能中标，定低了又要承担过大风险。单价的高低直接取决于企业管理水平和技术水平的高低。这种局面促成了企业整体实力的竞争，有利于我国建筑市场的快速发展。

3. 有利于提高工程计价效率，能真正实现快速报价

采用工程量清单计价模式，避免了传统计价方式下招标人与投标人在工程量计算上的重复工作，投标人以招标人提供的工程量清单为统一平台，结合自身的管理水平与施工方案进行报价，促进了各投标人企业定额的完善以及工程造价信息的积累和整理，体现了现代工程建设中快速报价的要求。

4. 有利于工程款的拨付和工程造价的最终结算

中标后，业主要与中标单位签订施工合同，中标价就是确定合同价的基础，投标清单上的单价就成了拨付工程款的依据。业主根据施工企业完成的工程量，很容易确定进度款的拨付额。工程竣工后，业主也很容易确定工程的最终造价，有效减少了业主与施工单位间的纠纷。

5. 有利于业主对投资的控制

采用传统报价方式，业主对施工过程中因设计、工程量变更引起的工程造价的变化不敏感，往往等到竣工结算时，才知道这些变更对工程造价的影响有多大，但此时常常是为时已晚。而采用工程量清单报价方式，业主可对投资变化一目了然，从而可以根据投资情况决定是否变更或进行方案比较，以决定最恰当的处理方法。

除上述以外，在现阶段，工程量清单计价还有利于“逐步建立以市场形成价格为主的价格机制”工程造价体制改革目标的实现，有利于将工程的“质”与“量”紧密结合起来，有利于业主获得最合理的工程造价，也有利于中标企业精心组织施工，控制成本，充分发挥本企业的管理优势。

三、市场协商报价法 THREE

市场协商报价法主要针对个体住宅装饰工程。

1. 住宅装饰工程及其特点

由于住宅装饰工程项目内容多而工程量少，其造价构成复杂而总造价较低。如果采用上述两种方法进行造价计算，则需要有一定专业知识的人才能看懂和操作，但是家装工程面对的客户一般为个体，为了保证每位客户拿到预算文件后能清楚地了解自己要做的项目和单价情况，一般来讲，家装工程的报价体系基本上由直接人工费、材料费、管理费、设计费和税金组成。

住宅是一种以家庭为对象的人为生活环境。它既是家庭的标志，也是社会文明的体现。人们既希望每天住的地方舒适、整洁、美观，又希望它有个性和特点，所以家装设计也越来越精致，越来越个性化，反映在造价方面的差距也越来越大。总的说来，家装工程还是受住宅户型的限制。我国目前的住宅户型主要有三类：平面户型（包括错层）、复式楼和别墅。

平面户型一般为一室一厅、两室一厅、两室两厅、三室两厅和四室两厅。这类住宅一般是大众的选择，在装饰上大部分以实用为主，单方造价相差不大。

复式楼分上、下两层，功能分区比较明显。这部分客户对生活质量要求较高，对住房的要求除了实用和舒适外，还需要体现自己的品位与格调。装饰工程造价相对较高，造价差距主要反映在装饰材料上。

别墅分独立式和联体式。别墅是这三种户型中造价最高、最需要经济实力的一种户型。其客户群除了有对住宅舒适性和个性化的要求外，大多数还要求彰显地位和身份。此类装饰工程造价最高，造价差距不只反映在装饰材料上，还反映在人工费方面。

2. 住宅装饰工程计价原则及其方法

大部分家装工程虽然不需要通过招投标来确定设计与施工单位，但是，家装工程预算也要遵循《建设工程工程量清单计价规范》和相关的法律法规。这也是市场经济发展的必然结果，在实际操作时必须遵循客观、公正、公平的原则，即要求家装工程预算与计价编制要实事求是，不弄虚作假，家装工程预算与计价活动要高度透明；施工企业要公平对待所有业主，要从本企业的实际情况出发，不能低于成本报价，也不能虚高报价，双方要以诚实守信的原则合作。

目前市场上家装工程的报价，普遍应用的两种方法是综合报价法和工料分析报价法。综合报价是以实际消耗的人工费、材料费、施工机械使用费和管理费为基础进行综合报价。工料分析报价是把施工过程中所需要的材料分门别类地列出来，并对完成某一项目所需的人工费、施工机械使用费等进行综合分析，形成包含人工、材料（含材料损耗）等因素的工料分析预算报价方法。

在装饰工程的实际操作中，装饰公司的承包方式较为灵活，方式不一，有全包的，即包工包料；也有部分包工包料的，如板材、油漆、瓷砖等主料由业主提供，其他辅料由施工单位承包。这些在预算编制中都要给予相应的考虑。

市场协商报价的报价表主要明确工程费用的组成内容和随工程所收取的相关费用，如设计费、管理费和税金等。为了使业主一目了然，工程项目不以分部分项划分，而是以房间划分，且尽量明确所用材料的品牌及型号。

第二节 装饰工程定额

装饰工程计价依据是用来计算和确定工程项目造价的各种基础性资料的总称，一般来讲，包括以下内容。

(1) 装饰工程有关定额、指标及单价，主要包括概算指标，概算定额，预算定额，人工、材料、机械台班和设备单价,各类装饰工程造价指数等。

(2) 工程的相关基础资料,例如设计图纸等技术资料、设备清单或计划等。

(3) 工程量计算规则。

(4) 政府主管部门发布的有关工程造价的经济法规、政策等。

(5) 设备费、工器具和家具购置费、工程建设其他费用的计价依据。

(6) 其他计价依据。

一、 装饰工程定额的分类 ONE

"定"即规定,"额"即数量,"定额"即规定在生产中各种社会必要劳动的消耗量的标准额度。工程定额是在合理地组织劳动、合理地使用材料与机械的条件下,完成一定计量单位合格建筑产品所消耗资源的数量标准。工程定额是一个综合概念,是建设工程计价和管理中各类定额的总称,包括许多种类的定额,可以按照不同的原则和方法对它进行分类。

(一) 按定额反映的生产要素消耗内容分类

按定额反映的生产要素消耗内容分类,可以把工程定额分为劳动消耗定额、材料消耗定额和机械消耗定额三种。

(1) 劳动消耗定额。它简称劳动定额,也称为人工定额,是指完成一定数量的合格产品(工程实体或劳务)所需消耗的劳动的数量标准。劳动定额的主要表现形式为时间定额。一个工人工作 8 小时为一个工日,劳动定额就表现为完成一定数量的某合格产品消耗多少个工日。

(2) 机械消耗定额。机械消耗定额以一台机械一个工作班为计量单位,所以又称为机械台班定额。它是指完成一定数量的合格产品(工程实体或劳务)所需消耗的施工机械的数量标准。正常情况下,一台机械工作 8 小时为一个台班。

(3) 材料消耗定额。它简称材料定额,是指完成一定数量的合格产品所需消耗的原材料、成品、半成品、构配件、燃料以及水、电等动力资源的数量标准。

(二) 按定额的用途分类

按定额的用途分类,可以把工程定额分为施工定额、预算定额、概算定额、概算指标和投资估算指标五种。

(1) 施工定额。施工定额是施工企业为组织生产和加强管理在企业内部使用的一种定额,属于企业性质的定额,代表社会平均先进水平。

(2) 预算定额。预算定额是在编制施工图预算阶段,以工程中的分项工程或结构构件为编制对象,用来计算工程造价和计算工程中的劳动、机械台班、材料需要量的定额。预算定额代表社会平均水平,是计价性定额中常用的一种,从编制程序上看,预算定额是以施工定额为基础综合扩大编制的。它是编制概算定额的基础,也是确定工程造价的重要依据。

(3) 概算定额。概算定额是以扩大分项工程或扩大结构构件为对象编制的用来计算和确定劳动、机械台班、材料需要量的定额,也是一种计价性定额。概算定额是编制扩大初步设计概算、确定建设项目投资额的依据。

(4) 概算指标。概算指标的设定和初步设计的深度相适应,项目划分粗略,比概算定额更加综合、扩大,是以整个建筑物或构筑物为对象,以更为扩大的计量单位编制的。

(5) 投资估算指标。它的概略程度与可行性研究阶段相适应,项目划分更加粗略,是编制投资估算、计算投资需要量时使用的一种计价性定额。

上述各种定额的比较分析可参考表 2-8。

表 2-8 不同定额比较分析

	施工定额	预算定额	概算定额	概算指标	投资估算指标
对象	工序	分项工程	扩大的分项工程	整个建筑物或构筑物	独立的单项工程或完整的工程项目
用途	编制施工预算	编制施工图预算	编制扩大初步设计概算	编制初步设计概算	编制投资估算
项目划分	最细	细	较粗	粗	很粗
定额水平	平均、先进	平均	平均	平均	平均
定额性质	生产性定额	计价性定额			

(三) 按编制单位和执行范围分类

按编制单位和执行范围分类,工程定额分为全国统一定额、行业统一定额、地区统一定额、企业定额和补充定额五种。

(1) 全国统一定额是由国家建设行政主管部门综合全国工程建设中技术和施工组织管理的情况编制,并在全国范围内执行的定额。

(2) 行业统一定额是考虑各行业部门专业工程技术特点,以及施工生产和管理水平编制的,一般只在本行业和相同专业性质的范围内使用。

(3) 地区统一定额指各省、自治区、直辖市定额,主要是考虑地区性特点对全国统一定额做适当调整和补充。

(4) 企业定额是施工企业考虑本企业具体情况,参照国家、部门或地区定额的水平制定的定额。企业定额只在企业内部使用,是企业素质的一个标志。企业定额水平一般要高于国家和行业现行定额,才能满足生产技术发展、企业管理和市场竞争的需要。在工程量清单计价模式下,企业定额作为施工企业进行建设工程投标报价的计价依据,正发挥着越来越大的作用。

(5) 补充定额是指随着设计、施工技术的发展,现行定额不能满足需要的情况下,为了补充缺陷所编制的定额。补充定额只能在指定的范围内使用,可以作为以后修订定额的基础。

上述各种定额虽然适用于不同的情况,但是,它们是一个互相联系的、有机的整体,在实际操作中通常配合使用。

二、 装饰工程预算定额的特点 TWO

装饰工程预算定额编制与计价方法,是以原建设部发布的《全国统一建筑工程基础定额》(GJD 101—1995)和《全国统一建筑工程预算工程量计算规则》(GJDGZ 101—1995)的若干规定和通知精神,以及各省、市、区建设主管部门制定的建筑工程单位估价表为依据的定额预算编制与计价方法,是进行装饰工程预算的重要计价依据。为了准确进行装饰工程预算,必须准确理解装饰工程预算定额体系,从而合理、准确地确定装饰工程造价。装饰工程预算定额的特点总结如下。

1. 科学性和实践性

装饰工程预算定额的制定来源于施工企业的实践,又服务于施工企业。它是在调查、研究施工过程的客观规律的基础上,在共同性与特殊性的研究实践中,根据施工过程中消耗的人工、材料、施工机具的数量及其单价,同时考虑了各地区的实际情况,以及施工过程中施工技术的应用与发展才制定出来的。因此,装饰工程预算定额来源于施工生产实践。同时,在生产实践中,定额的科学性和实践性可以提高施工企业的管理水平,促进生产发展,最大限度地提高施工企业的经济效益和社会效益。

装饰工程预算定额是定额管理技术人员、熟练工人和工程技术人员采用科学分析的方法,且所有定额水平、项目均以《全国统一建筑工程基础定额》(GJD 101—1995)为蓝本,在此基础上采用“增、减、合、并”四字方案来确定项目水平,根据当时、当地的社会生产力水平等实际情况,在大量测定、分析、综合、研究生产过程中的数据和资料的基础上制定出来的。因此,装饰工程预算定额具有合理的工作时间、资源消耗以及科学的操作方法,在生产实践中具有一定的可行性和实践性。

2. 法令性和指导性

装饰工程预算定额是由国家各级建设主管部门制定、颁发并供所属设计、施工企业和单位使用,在执行范围内任何单位与企业必须遵守执行的法令性政策文件。任何单位与企业不得随意更改其内容和标准,如需修改、调整和补充,必须经主管部门批准,下达相应文件。装饰工程预算定额统一了资源消耗的标准,便于国家各级建设主管部门对工程设计标准和企业经营水平进行统一的考核和有效监督。

装饰工程预算定额的法令性,也决定了它在我国社会主义市场经济环境下在一定范围内具有某种程度的指导性。同时,定额本身还具有一定的灵活性,有些项目是根据现行规范的规定制定的,但各地区可按当地材料质量、价格的实际情况进行调整。

3. 稳定性与时效性

装饰工程预算定额中的任何一种都是一定时期技术发展和管理水平的反映,因而在一段时间内都表现出稳定的状态。稳定的时间有长有短,一般在 5 年至 10 年之间。保持定额的稳定性是维护定额的指导性所必需的,更是有效地贯彻定额所必需的。如果某种定额处于经常修改和变动之中,那么必然造成执行中的困难和混乱,很容易导致定额指导作用的丧失。工程定额的不稳定也会给定额的编制工作带来极大的困难。

但是工程定额的稳定性是相对的。当生产力向前发展时,定额就会与生产力不相适应。这样,它原有的作用就会逐步减弱以至消失,需要重新编制或修订。

三、装饰工程预算定额相关说明 THREE

(一) 装饰工程定额项目名称和工程内容

装饰工程定额的项目名称(即分部分项工程项目及其所属子项目的名称)、定额项目、定额编号及其工程内容,一般根据装饰工程定额的有关基础资料进行编制,并参照施工定额分项工程项目规定综合确定,需要反映当前装饰业的实际水平并具有广泛的代表性。工程内容的确定也决定了工程量计算项目的确定。

(二) 确定装饰工程施工方法

装饰工程施工方法与预算定额项目中的各专业、各工种及相应的用工数量,各种材料、成品或半成品的用量,施工机械类型及其台班用量,以及定额基价等主要依据有着密切的关系。在装饰工程项目中,因施工方法不同,项目基价间存在着价格上的差异,所以其施工方法可以在项目名称上体现出来,如花岗岩拼花地面根据其施工方法与要求的不同,其项目名称可以分别是复杂拼花、简单拼花。

(三) 装饰工程定额项目计量单位

1. 计量单位确定的原则

定额计量单位确定的原则是,工程定额项目计量单位必须与定额项目一致和统一。它应当准确地反映分项工程的实际消耗量,保证装饰工程预算的准确性。同时,为保证预算定额的适用性,还要确定合理、必要的定额项目以简化工程量的定额换算工作。

装饰工程项目的定额计量单位的选择,主要根据分项工程的形体特征和变化规律来确定,其具体内容如下。

(1) 长、宽、高都发生变化时,定额计量单位为 m^3,如混凝土、土石方、砖石等。

(2) 厚度一定，面积发生变化时，定额计量单位为 m^2，如墙面、地面等。

(3) 截面形状大小固定，长度发生变化时，定额计量单位为 m，如楼梯扶手、窗帘盒等。

(4) 体积或面积相同，价格和重量差异大时，定额计量单位为 t 或 kg，如金属构件制作、安装工程等。

(5) 形状不规则难以度量时，定额计量单位为个、套、件等，如装饰门套的计量单位为樘，电气工程中的开关、插座的计量单位为个。

2. 装饰工程定额项目计量单位的表示方法

(1) 人工的计量单位表示为工日。

(2) 木材的计量单位表示为 m^3。

(3) 大芯板、胶合板的计量单位表示为 m^2 或 100 m^2。

(4) 铝合金型材的计量单位表示为 kg。

(5) 电气设备的计量单位表示为台。

(6) 钢筋及钢材的计量单位表示为 t。

(7) 其他材料的计量单位依具体情况而定。

(8) 机械的计量单位表示为台班。

(9) 定额基价的计量单位表示为元。

3. 装饰工程定额项目计量单位

(1) 长度的计量单位表示为 m、cm、mm。

(2) 面积的计量单位表示为 m^2、cm^2、mm^2。

(3) 体积的计量单位表示为 m^3、cm^3、mm^3。

(4) 质量的计量单位表示为 t、kg。

4. 装饰工程定额工程量计算

装饰工程定额工程量计算的目的是通过分别计算施工设计图或资料所包括的施工过程的工程量，在编制装饰工程定额时，合理地利用施工定额的人工费、材料费和施工机械台班费等各项消耗量指标。

装饰工程定额项目工程量的计算方法是根据装饰工程确定的分项工程和所含子项目，结合选定的施工设计图或设计资料、施工组织设计，按照工程量有关计算规则进行计算。需要填写的主要内容如下。

(1) 选择确定施工设计图或设计资料的来源和名称。

(2) 确定装饰工程的性质。

(3) 装饰工程工程量计算表的编制说明。

(4) 选择合适的图例和计算公式。

以上任务完成后，再根据装饰工程预算定额单位，将已计算出的工程量数额折算成定额单位工程量。如地砖铺设、柱面贴面、天棚轻钢龙骨等，由 m^2 折算成定额单位工程量 100 m^2。

5. 装饰工程定额单价的确定

人工单价亦称工日单价，是指预算定额确定的用工单价，正常条件下一名工人工作 8 小时为一个工日，一般包括基本工资、工资性津贴和相关的保险费等。传统的基本工资是根据工资标准计算的，目前企业的工资标准大多由企业制定。

材料单价是指材料从采购到运输至工地仓库或堆放场地后的出库价格。材料从采购、运输到保管的过程中，即在使用前所发生的全部费用，构成了材料单价。

材料采购和供应方式不同，构成材料单价的费用也不同，一般有以下几种。

1) 材料供货到工地现场

当材料供应商将材料供货到施工现场时，材料单价由材料原价、现场装卸搬运费、采购保管费等费用构成。

2）到供货地点采购材料

当需要派人到供货地点采购材料时，材料单价由材料原价、运杂费和采购保管费构成。

3）需二次加工的材料

若某些材料被采购回来后，还需要进一步加工，材料单价除了上述费用外，还包括材料二次加工费。

综上所述，材料单价主要包括材料原价、运杂费（或现场装卸搬运费）、采购保管费等费用。若某些材料的包装品可以计算回收值，还应减去该回收值。

其中，材料原价是付给材料供应商的材料单价。当某种材料有两个或两个以上的材料供应商且材料原价不同时，应计算加权平均原价。通常包装费和手续费也包括在材料原价内。

材料运杂费是指采购材料的过程中，将材料从采购地点运输到工地仓库或堆放场地发生的各项费用，包括装卸费、运输费和合理的运输损耗费等。

材料采购保管费是指承包商在组织采购和保管材料的过程中发生的各项费用，包括采购人员的工资、差旅交通费、通信费、业务费、仓库保管费等各项费用。采购保管费一般按发生的各项费用之和乘以一定的费率计算，材料采购保管费费率通常取2%左右，计算公式为：

材料采购保管费=（材料原价+材料运杂费）×采购保管费费率

材料单价=（加权平均材料原价+加权平均材料运杂费）×（1+采购保管费费率）－包装品回收值

第三节 装饰工程量清单计价

工程量清单是招标文件的重要组成部分，可以为潜在的投标者提供必要的信息。它包括分部分项工程量清单、措施项目清单、其他项目清单。其中，分部分项工程量清单为不可调整的闭口清单，投标人对所列项目必须一一计价；措施项目清单为可调整清单，投标人对其中所列项目可根据企业自身情况做适当增减，编制时要参考拟建工程的施工组织设计确定。

一、工程量清单计价模式下的建筑工程费用组成 ONE

我国现行计价模式为工程量清单计价模式，在此模式下，建筑工程的费用统一由五部分组成，即分部分项工程费用、措施项目清单费用、其他项目费用、规费和税金。

工程造价费用计算表如表2-9所示。

表2-9 工程造价费用计算表

<table>
<tr><th>序号</th><th colspan="2">费用名称</th><th>计算公式</th><th>备注</th></tr>
<tr><td rowspan="6">一</td><td colspan="2">分部分项工程费用</td><td>工程量×综合单价</td><td rowspan="6">—</td></tr>
<tr><td rowspan="5">其中</td><td>1.人工费</td><td>计价表人工消耗量×人工单价</td></tr>
<tr><td>2.材料费</td><td>计价表材料消耗量×材料单价</td></tr>
<tr><td>3.机械费</td><td>计价表机械消耗量×机械单价</td></tr>
<tr><td>4.企业管理费</td><td>（1+3）×费率</td></tr>
<tr><td>5.利润</td><td>（1+3）×费率</td></tr>
<tr><td>二</td><td colspan="2">措施项目清单费用</td><td>分部分项工程费用×费率
或综合单价×工程量</td><td>—</td></tr>
<tr><td>三</td><td colspan="2">其他项目费用</td><td>—</td><td>—</td></tr>
</table>

续表

序号	费用名称		计算公式	备注
四	规费		—	—
	其中	1. 工程排污费	(一+二+三)×费率	按规定计取
		2. 建筑安全监督管理费		
		3. 社会保障费		
		4. 住房公积金		
五	税金		(一+二+三+四)×税率	按当地规定计取
六	工程造价		一+二+三+四+五	—

由表 2-9 可以看出，装饰工程造价关键取决于其工程量和综合单价，工程量为实际发生数量，而综合单价则需要根据定额得出。装饰工程计价通常依据地方性定额，各地定额均以国家定额为依据，根据地方情况不同略做修改。以下以《江苏省建筑与装饰工程计价定额》(2014 年)为例进行说明。

1. 说明

(1) 江苏省建筑与装饰工程费用计算规则(以下简称本费用计算规则)与《江苏省建筑与装饰工程计价定额》(2014 年)配套执行。

(2) 为了切实保护人民生产生活的安全，保证安全和文明施工措施落实到位，现场安全文明施工措施费作为不可竞争费用，建设单位不得任意压低费用标准，施工单位不得让利。此项费用的计取由各市工程造价管理部门根据工程实际情况予以核定，并进行监督，未经核定不得计取。

(3) 不可竞争费用包括如下一些。

① 现场安全文明施工措施费。

② 工程定额测定费。

③ 安全生产监督费。

④ 建筑管理费。

⑤ 劳动保险费。

⑥ 税金。

⑦ 获法律授权的部门批准的其他不可竞争费用。

以上不可竞争费用在编制标底或投标报价时均应按规定计算，不得让利或随意调整计算标准。

(4) 措施项目费原则上由编标单位或投标单位根据工程实际情况分别计算。除了不可竞争费用必须按规定计算外，其余费用均作为参考标准。

(5) 管理费和利润统一以人工费加机械费为计算基础。

(6) 包工不包料和点工按本费用计算规则的规定计算。

① 包工不包料：适用于只包计价表人工的工程。

② 点工包料：适用于在建筑与装饰工程中由于各种因素所造成的损失、清理等不在计价表范围内的用工。

③ 包工不包料、点工的临时设施应由建设单位提供。

2. 费用项目划分

建筑与装饰工程造价由分部分项工程费、措施项目费、其他项目费、规费和税金组成。

1) 分部分项工程费

分部分项工程费包括人工费、材料费、机械费、管理费、利润。

(1) 人工费：应列入计价表的直接从事建筑与装饰工程施工工人(包括现场内水平、垂直运输等辅助工人)

和附属辅助生产单位(非独立经济核算单位)工人的基本工资、工资性津贴、流动施工津贴、房租补贴、职工福利费、劳动保护费等。

(2) 材料费:应列入计价表的材料、构件和半成品材料的用量以及周转材料的摊销量乘以相应的预算价格计算的费用。

(3) 机械费:应列入计价表的施工机械台班消耗量按相应的江苏省施工机械台班单价计算的建筑与装饰工程施工机械使用费以及机械安、拆和进(返)场费。

(4) 管理费:包括企业管理费、现场管理费、冬雨季施工增加费、生产工具用具使用费、工程定位复测费、工程点交费、场地清理费、远地施工增加费、非甲方所为四小时以内的临时停水停电费等。

企业管理费指企业管理层为组织施工生产经营活动所发生的管理费用,内容包括如下一些。

① 管理人员的基本工资、工资性津贴、流动施工津贴、房租补贴、职工福利费、劳动保护费等。

② 差旅交通费:企业职工因公出差和工作调动的差旅费、住勤补助费、市内交通费和误餐补助费,职工探亲路费,劳动力招募费,离退休职工一次性路费,以及交通工具油料费、燃料费、牌照费、养路费等。

③ 办公费:企业办公用文具、纸张、账表、印刷、邮电、书报、会议、水、电、燃煤、燃气等费用。

④ 固定资产折旧、修理费:企业属于固定资产的房屋、设备、仪器等的折旧及维修费用等。

⑤ 低值易耗品摊销费:企业管理其使用的不属于固定资产的生产工具、器具、家具、交通工具和检验、试验、消防等用具产生的摊销及维修费用。

⑥ 工会经费及职工教育经费:工会经费由企业按职工工资总额计提;职工教育经费是指企业为职工学习先进技术和提高文化水平按职工工资总额计提的费用。

⑦ 职工待业保险费:按规定标准计提的职工待业保险费用。

⑧ 保险费:企业财产保险、管理用车辆保险等费用。

⑨ 税金:企业按规定交纳的房产税、车船使用税、土地使用税、印花税及土地使用费等。

⑩ 其他:包括技术转让费、技术开发费、业务招待费、绿化费、广告费、公证费、法律顾问费、审计费、咨询费、联防费等。

现场管理费指现场管理人员组织工程施工过程中所发生的费用,内容包括如下一些。

① 现场管理人员的基本工资、工资性津贴、流动施工津贴、房租补贴、职工福利费、劳动保护费等。

② 办公费:现场管理办公用的文具、纸张、账表、印刷、邮电、书报、会议、水、电、燃煤(气)等费用。

③ 差旅交通费:职工因公出差的差旅费、住勤补助费、市内交通费和误餐补助费,职工探亲路费,劳动力招募费,离退休职工一次性路费,工伤人员就医路费,工地转移费以及现场管理使用的交通工具的油料费、燃料费、养路费、牌照费等。

④ 固定资产使用费:现场管理及试验部门使用的属于固定资产的设备、仪器等的折旧、大修理、维修和租赁费用等。

⑤ 低值易耗品摊销费:现场管理使用的不属于固定资产的生产工具、器具、家具、交通工具和检验、试验、测绘、消防等用具的购置、维修和摊销费用。

⑥ 保险费:施工管理用财产和车辆保险、高空作业等特殊工种的安全保险等费用。

⑦ 其他费用。

冬雨季施工增加费指在冬雨季施工期间所增加的费用,包括冬雨季作业时由于采取临时取暖、建筑物门窗洞口封闭、防雨、排水等措施及工效降低所增加的费用。

生产工具用具使用费指施工生产所需的不属于固定资产的生产工具、检验用具、仪器仪表等的购置、摊销和维修费用,以及支付给工人自备工具的补贴费等。

远地施工增加费指远离基地施工所发生的管理人员和生产工人的调迁差旅费、工人在途工资,以及中小型施工机具、工具仪器、周转性材料、办公和生活用具等的运杂费。对包工包料工程,不论施工单位基地与工程所在地之间的距离远近，均由施工单位包干使用；包工不包料工程按发承包双方的合同约定计算。

(5) 利润：按国家规定应计入建筑与装饰工程造价的利润。

2) 措施项目费

(1) 环境保护费：正常施工条件下，环保部门按规定向施工单位收取的噪声、扬尘、排污等费用。

(2) 现场安全文明施工措施费：包括脚手架挂安全网、铺安全竹笆片、四口五临边护栏、电气保护安全照明设施、消防设施及各类标牌摊销、施工现场环境美化、现场生活卫生设施、施工出入口清洗及污水排放设施、建筑垃圾清理外运等费用。

(3) 临时设施费：施工单位为进行建筑与装饰工程施工所必需的生产和生活用的临时建筑物、构筑物和其他临时设施等费用。临时设施费包括临时设施的搭设、维修、拆除、摊销等费用。

(4) 夜间施工增加费：规范、规程要求正常作业而发生的照明设施、夜餐补助等费用和由于工效降低所增加的费用。

(5) 二次搬运费：因施工场地狭小而发生的二次搬运所需费用。

(6) 大型机械设备进出场及安拆费：机械整体或分体自停放场地转至施工场地，或由一个施工地点运至另一个施工地点所发生的机械安装、拆卸和进出场运输转移费用。

(7) 混凝土、钢筋混凝土模板及支架费：模板及支架制作、安装、拆除、维护、运输、周转材料摊销等费用。

(8) 脚手架费：脚手架搭设、加固、拆除、周转材料摊销等费用。

(9) 已完工程及设备保护费：对已施工完成的工程和设备采取保护措施所发生的费用。

(10) 施工排水、降水费：施工过程中发生的排水、降水费用。

(11) 垂直运输机械费：在合理工期内完成单位工程全部项目所需的垂直运输机械台班费用。

(12) 室内空气污染测试费：对室内空气相关参数进行检测时发生的人工和检测设备的摊销等费用。

(13) 检验试验费：根据有关国家标准或施工验收规范要求对建筑材料、构配件和建筑物工程质量进行检测检验时发生的费用。除此以外发生的检验试验费，如已有质保书材料，而建设单位或质监部门另行要求检验试验所发生的费用，及新材料、新工艺、新设备的试验费等应另行向建设单位收取。

(14) 赶工措施费：建设单位对工期有特殊要求时施工单位必须增加的施工成本费。

(15) 工程按质论价费：建设单位要求施工单位完成的单位工程质量达到经有权部门鉴定为优良工程所必须增加的施工成本费。

3) 其他项目费

(1) 总承包服务费。

① 总承包：对建设工程的勘察、设计、施工、设备采购进行全过程承包，对建设项目从立项开始至竣工投产进行全过程承包。

② 总分包：对于建设单位单独分包的工程，总包单位与分包单位的配合费由建设单位、总包单位和分包单位在合同中明确。总包单位自行分包的工程所需的总包管理费由总包单位和分包单位自行解决。

③ 安装施工单位与土建施工单位的施工配合费由双方协商确定。

(2) 预留金：招标人为可能发生的工程量变更而预留的金额。

(3) 零星工作项目费：完成招标人提出的工程量暂估的零星工作所需的费用。

4) 规费

(1) 工程定额测定费：包括预算定额编制管理费和劳动定额测定费。应按江苏省物价局、江苏省财政厅苏价房〔1999〕13 号、苏财综〔1999〕5 号《关于工程定额编制管理费、劳动定额测定费合并为工程(劳动)定额测定费的通知》等文件的规定收取工程定额测定费。该费用列入工程造价，由施工单位代收代缴，上交工程所在地的定额或工程造价管理部门。

(2) 安全生产监督费：有权部门批准的由施工安全生产监督部门收取的安全生产监督费。

(3) 建筑管理费：建筑管理部门按照经有权部门批准的收费办法和标准向施工单位收取的建筑管理费。

(4) 劳动保险费：施工单位支付的离退休职工退休金、价格补贴、医药费、职工退职金、六个月以上的病假人员工资、职工死亡丧葬补助费、抚恤金、按规定支付给离退休干部的各项经费，以及在职职工的养老保险费等。

5) 税金

税金指国家税法规定的应计入建筑与装饰工程造价的营业税、城市维护建设税及教育费附加。

3. 费用计算标准

1) 人工费计算标准

根据江苏省住房和城乡建设厅《关于对建设工程人工工资单价实行动态管理的通知》(苏建价〔2012〕633号)，江苏省建设工程人工工资指导价如表2-10所示。

表2-10 江苏省建设工程人工工资指导价

单位：元/工日

序号	地区	工种		建筑工程	装饰工程	安装、市政工程	机械台班
1	苏州市	包工包料工程	一类工	125	125—165	115	119
			二类工	121		107	
			三类工	111		102	
		包工不包料工程		161	165—198	144	—
2	南京市 无锡市 常州市	包工包料工程	一类工	123	123—162	111	119
			二类工	119		106	
			三类工	110		101	
		包工不包料工程		158	162—193	141	—
3	扬州市 泰州市 南通市 镇江市	包工包料工程	一类工	112	122—161	111	119
			二类工	118		105	
			三类工	110		101	
		包工不包料工程		158	161—192	140	—
4	徐州市 连云港市 淮安市 盐城市 宿迁市	包工包料工程	一类工	122	121—159	110	119
			二类工	117		105	
			三类工	107		99	
		包工不包料工程		157	159—191	140	—

2) 管理费和利润计算标准

建筑工程计价表中的管理费以三类工程的标准列入子目，其计算基础为人工费加机械费，利润不分工程类别，按表2-11中规定计算。

表2-11 建筑工程管理费、利润取费标准

工程名称	计算基础	管理费费率/(%)			利润费率/(%)
		一类工程	二类工程	三类工程	
建筑工程	人工费+机械费	35	30	25	12

单独装饰工程的管理费按装饰施工企业的资质等级划分计取，其计算基础为人工费加机械费，利润不分企业资质等级，按表2-12中规定计算。

表 2-12　单独装饰工程管理费、利润取费标准

工程名称	计算基础	管理费费率/(%)			利润费率/(%)
		一类工程	二类工程	三类工程	
单独装饰工程	人工费+机械费	56	48	40	12

3) 措施项目费计算标准

(1) 环境保护费:按环保部门的有关规定计算,由双方在合同中约定。

(2) 现场安全文明施工措施费:建筑工程按分部分项工程费的 1.5%～3.5%计算,单独装饰工程按分部分项工程费的 0.5%～1.5%计算。该费用作为不可竞争费,具体由各市工程造价管理部门根据工程实际情况予以核定后方可计取。

(3) 临时设施费:建筑工程按分部分项工程费的 1%～2%计算,单独装饰工程按分部分项工程费的 0.3%～1.2%计算。该费用由施工单位根据工程实际情况报价,发承包双方在合同中约定。

(4) 夜间施工增加费:根据工程实际情况,由发承包双方在合同中约定。

(5) 二次搬运费:按《江苏省建筑与装饰工程计价定额》(2014 年)中第二十四章计算。

(6) 大型机械设备进出场及安拆费:按《江苏省建筑与装饰工程计价定额》(2014 年)中附录二计算。

(7) 室内空气污染测试费:根据工程实际情况,由发承包双方在合同中约定。

(8) 脚手架费:按《江苏省建筑与装饰工程计价定额》(2014 年)中第二十章计算。

(9) 已完工程及设备保护费:根据工程实际情况,由发承包双方在合同中约定。

(10) 施工排水、降水费:按《江苏省建筑与装饰工程计价定额》(2014 年)中第二十二章计算。

(11) 垂直运输机械费:按《江苏省建筑与装饰工程计价定额》(2014 年)中第二十三章计算。

(12) 检验试验费:根据有关国家标准或施工验收规范要求对建筑材料、构配件和建筑物工程质量进行检测检验时发生的费用按分部分项工程费的 0.4%计算。除此以外发生的检验试验费,如已有质保书材料,而建设单位或质监部门另行要求检验试验所发生的费用,及新材料、新工艺、新设备的试验费等应另行向建设单位收取,由施工单位根据工程实际情况报价,发承包双方在合同中约定。

4) 其他项目费计算标准

(1) 总承包服务费根据总承包的范围、深度按工程总造价的 2%～3%向建设单位收取。

(2) 预留金:由招标人预留。

(3) 零星工作项目费:根据工程量暂估的零星工作所需的费用。

5) 规费计算标准

规费应按照有关文件的规定计取,作为不可竞争费用,不得让利,也不得任意调整计算标准。

(1) 工程定额测定费:根据江苏省物价局、江苏省财政厅苏价房〔1999〕13 号、苏财综〔1999〕5 号《关于工程定额编制管理费、劳动定额测定费合并为工程(劳动)定额测定费的通知》等文件的规定,工程定额测定费应按不含税工程造价的 1‰收取。

(2) 安全生产监督费:应按各市的规定执行,以不含税工程造价为计算基础。

(3) 建筑管理费:应按江苏省物价局、江苏省财政厅苏价服〔2003〕101 号、苏财综〔2003〕32 号《关于统一规范建筑管理费的通知》的规定执行。

(4) 劳动保险费。

① 实行建筑行业劳保统筹的市(县),其劳动保险费计算标准需由各市进行测算,并报省建设部门批准后执行。

② 包工不包料、点工的劳动保险费已包含在人工工日单价中。

6) 税金计算标准

税金按各市规定的税率计算,通常按农村、乡镇、城市分三种不同的税率,计算基础为不含税工程造价。

7) 工程造价(包工不包料)计算

工程造价(包工不包料)计算表如表 2-13 所示。

表 2-13　工程造价(包工不包料)计算表

序号	费用名称		计算公式	备注
一	分部分项人工费		计价表人工消耗量×人工单价	—
二	措施项目清单费用		(一)×费率或工程量×综合单价	—
三	其他项目费用		—	—
四	规费		—	—
	其中	1.工程排污费	(一+二+三)×费率	按规定计取
		2.建筑安全监督管理费		
		3.社会保障费		
		4.住房公积金		
五	税金		(一+二+三+四)×税率	按当地规定计取
六	工程造价		一+二+三+四+五	—

二、工程造价计算步骤　TWO

工程量清单计价模式下工程造价计算基本步骤为:熟悉工程量清单—研究招标文件—熟悉施工图纸—熟悉工程量计算规则—了解施工现场情况及施工组织设计特点—熟悉加工订货的有关情况—明确主材和设备的来源情况—计算分部分项工程量—计算分部分项工程综合单价—确定措施项目清单及费用—确定其他项目清单及费用—计算规费及税金—汇总各项费用计算工程造价。

第四节　装饰工程价款计算

一、合同价款的确定　ONE

《建筑装饰工程施工合同(示范文本)》中规定的合同价款确定方式如下。

(1) 招标工程的合同价格,双方根据中标价格在协议书内约定;非招标工程的合同价格,双方根据工程预算书在协议书内约定。任何一方不得擅自改变。

(2) 在合同专用条款内约定采用下列三种确定合同价款方式中的一种。

① 固定价格合同。

双方在专用条款内约定合同价款包含的风险范围和风险费用的计算方法,在约定的风险范围内,合同价格不再调整。风险范围以外的合同价款调整方法,在专用条款内约定。

② 可调价格合同。

双方在专用条款内约定合同价款的调整方法。

③ 成本加酬金合同。

合同价款包括成本和酬金两部分,双方在专用条款内约定成本构成和酬金的计算方法。

二、合同价款的调整 TWO

(1)《建筑装饰工程施工合同(示范文本)》中规定,可调价格合同中,合同价格的调整因素包括如下一些。

① 法规、政策变化影响合同价格。

② 工程造价管理部门公布的价格调整。

③ 一周内非承包人原因停水、停电、停气造成的停工累计超过 8 小时。

④ 双方约定的其他因素。

(2) 承包人在工程变更确定后 14 天内,提出变更工程价款的报告,经工程师确认后调整合同价款。变更合同价款按下列方法进行。

① 合同中已有适用于变更工程的价格,按合同已有的价格变更合同价款。

② 合同中只有类似于变更工程的价格,可以参照类似价格变更合同价款。

③ 合同中没有适用或类似于变更工程的价格,由承包人提出适当的变更价格,经工程师确认后执行。

(3) 承包人在双方确定变更后 14 天内不向工程师提出变更工程价款报告时,视为该项变更不涉及合同价款的变更。工程师在收到变更工程价款报告之日起 14 天内予以确认,工程师无正当理由不确认时,自变更工程价款报告送达之日起 14 天后,视为变更工程价款报告已被确认。工程师确认增加的工程变更价款追加合同价款,与工程款同期支付。

(4)《建筑装饰工程工程量清单计价规范》规定,合同中综合单价因工程量变更需要调整时,除合同另有规定外,应按下列办法确定。

① 工程量清单漏项或设计变更引起的工程量增减,其相应综合单价由承包人提出,经发包人确认后作为结算依据。

② 工程量清单的工程量有误或设计变更引起的工程量增减,属合同约定幅度以内的,应执行原有的综合单价;属合同约定幅度以外的,其增加部分的工程量的综合单价或减少后剩余部分的工程量的综合单价,由承包人提出,经发包人确认后作为结算依据。

三、工程预付款和进度款 THREE

对于工期较短的小型装饰工程(一般指 30 万元以下),通常不需要支付预付款,直接分阶段拨付工程进度款;而对于工期相对较长或是造价较高的装饰工程,合同中需要确定预付款和进度款的结算方式。

1. 工程预付款

预付款额度的确定方法通常有百分比法和数学计算法。百分比法是按年度工作量的一定比例确定预付备料款额度的一种方法。数学计算法是根据主要材料(含结构件等)占年度承包工程总价的比重、材料储备定额天数和年度施工天数等因素,通过数学公式计算预付备料款额度的一种方法。等工程量完成一定数额,再按比例进行预付款的回扣,回扣方法可由发包人和承包人经过洽商用合同的形式予以确定。

2. 工程进度款

《建筑装饰工程施工合同(示范文本)》中对进度款支付做了以下规定:在确认计量结果后 14 天内,发包人应向承包人支付进度款。发包人超过约定的支付时间未支付进度款,承包人可向发包人发出要求付款的通知,发包人接到承包人通知后仍不能按要求付款,可与承包人协商签订延期付款协议,经承包人同意后可延期支付。协议应明确延期支付的时间和从计量结果确认后第 15 天起计算应付款的贷款利息。如果发包人不按合同约定支付进度款，双方又未达成延期付款协议，导致施工无法进行，承包人可停止施工，由发包人承担违约责任。

在双方确定所完成工程量之后，工程进度款计量步骤为：根据所完成工程量的项目名称，分项编号、单价得出合价—将本月所完成的全部项目合价相加，得出直接费小计—按规定计算措施费、间接费、利润—按规定计算主材差价或差价系数—按规定计算税金—累计本月应收工程进度款。

四、工程索赔费用 FOUR

索赔费用的组成与工程款的计价内容相似，包括直接费、间接费、利润和税金。从原则上说，承包商有索赔权利的工程成本增加，都是可以索赔的费用。但是，对不同原因引起的索赔，承包商可索赔的具体费用内容是不完全一样的，通常取决于费用的特点和合同的约定。

索赔费用的计算方法有三种：实际费用法、总费用法和修正的总费用法。

(1) 实际费用法是计算工程索赔金额时最常用的一种方法。这种方法的计算原则是以承包商为某项目索赔工作所支付的实际费用为依据，向业主要求费用补偿。

(2) 总费用法是当发生多次索赔事件后，重新计算该工程的实际总费用，实际总费用减去投标报价时的估算总费用，即为索赔金额，即

索赔金额＝实际总费用－投标报价估算总费用

不少人对采用该方法计算索赔费用持批评态度，因为实际发生的总费用中可能包括了承包商的原因，如施工组织不善而增加的费用；同时投标报价估算总费用也可能是为了中标而过低。所以这种方法只有在难以采用实际费用法时才应用。

(3) 修正的总费用法。

修正的总费用法是对总费用法的改进，即在总费用计算的原则上，去掉一些不合理的因素，使其更合理。修正的内容如下：将计算索赔款的时段局限于受到外界影响的时间，而不是整个施工期；只计算受影响时段内某项工作受影响后的损失，而不是计算该时段内所有施工工作的损失；与该项工作无关的费用不列入总费用中；对投标报价费用重新进行核算，用受影响时段内该项工作的实际单价乘以实际完成的该项工作的工程量，得出调整后的报价费用。按修正后的总费用计算索赔金额的公式如下：

索赔金额＝某项工作调整后的实际总费用－该项工作的报价费用

修正的总费用法与总费用法相比，有了实质性的改进，它的准确程度已接近于实际费用法。

【例 2-3】 某别墅装修工程，在施工一个月后，业主决定修改设计，监理工程师下令承包商工程暂停一个月。试分析在这种情况下，承包商可索赔哪些费用。

解 可索赔如下费用。

① 人工费：对于不可辞退的工人，索赔人工窝工费，应按人工工日成本计算；对于可以辞退的工人，可索赔人工上涨费。

② 材料费：可索赔超期储存费用或材料价格上涨费。

③ 施工机械使用费：可索赔机械窝工费或机械台班上涨费。

④ 分包费用：由于工程暂停分包商向总包商索赔的费用。总包商向业主索赔应包括分包商向总包商索赔的费用。

⑤ 现场管理费：由于全面停工，可索赔增加的工地管理费。可按日计算，也可按直接成本的百分比计算。

⑥ 保险费：可索赔延期一个月的保险费。按保险公司保险费率计算。

⑦ 保函手续费：可索赔延期一个月的保函手续费。按银行规定的保函手续费率计算。

⑧ 利息：可索赔延期一个月增加的利息支出。按合同约定的利率计算。

⑨ 总部管理费：由于全面停工，可索赔延期增加的总部管理费。可按总部规定的百分比计算。如果工程只

是部分停工,监理工程师可以不同意总部管理费的索赔。

五、工程结算 FIVE

在工程项目实施阶段,工程费用的结算可以根据不同情况采用多种方式,其中,主要的结算方式有按月结算、分阶段结算和竣工后一次结算。大部分装饰工程由于工期较短、造价较低,通常采用竣工后一次结算。在进行工程价款动态结算时,价格调整所要考核的地点一般是工程所在地。

1. 竣工结算原则

(1) 任何工程的竣工结算,必须在工程全部完工、通过点交验收并提交竣工验收报告以后才能进行。

(2) 参与工程竣工结算的各方,应共同遵守国家有关法律、法规、政策方针和各项规定,严禁高估冒算,严禁套用国家和集体资金,严禁在结算时挪用资金和谋求私利。

(3) 坚持实事求是,针对具体情况处理复杂问题。

(4) 强调合同的严肃性,依据合同约定进行结算。

(5) 办理竣工结算,必须依据充分,基础资料齐全。

2. 竣工结算相关规定

《建筑装饰工程施工合同(示范文本)》关于竣工结算的规定如下:工程竣工验收报告经发包人认可后 28 天内承包人向发包人提交竣工结算报告及完整的竣工结算资料,双方按照协议书约定的合同价款及专用条款约定的合同价款调整内容,进行竣工结算。如果发包人在 28 天内无正当理由不支付竣工结算价款,从第 29 天起按承包人同期向银行贷款利率支付拖欠工程款利息并承担违约责任。

第五节 装饰工程成本管理

成本管理责任体系包括组织管理层和项目经理部。组织管理层体现效益中心的管理职能,项目管理层发挥现场生产成本控制中心的管理职能。项目成本管理是施工项目管理的重要内容,也是施工企业成本管理的基础。

一、成本与成本计划 ONE

装饰工程项目成本是指在施工中所发生的全部生产费用的总和,包括在生产过程中的活劳动和物化劳动投入量,以及项目部为管理施工所发生的全部费用支出。概括地讲,它分为直接成本和间接成本。直接成本,即直接耗用并直接计入工程对象的费用;间接成本,即非直接耗用也无法直接计入工程对象,但是是工程施工必须花费的费用。在项目启动阶段就需编制详细的施工成本计划,具体步骤如下。

(1) 将成本分解为人工费、材料费、机械使用费、措施费和间接费等,按施工成本组成编制成本计划。

(2) 将总成本分解到单项、单位工程中,再进一步分解到分部、分项工程中,按子项目编制施工成本计划。

(3) 利用控制项目进度的网络图进一步扩充可得施工成本计划。一般情况下,通过对施工成本目标按时间进行分解,可获得项目进度计划的横道图,在此基础上即可编制成本计划。

二、施工成本管理 TWO

在对项目施工进行成本管理时,应遵循以下原则。

(1) 全面成本管理原则。

(2) 成本管理科学化原则。

(3) 成本管理有效化原则。

(4) 成本最低化原则。

(5) 成本责任制原则。

施工成本管理的主要依据包括工程承包合同、施工成本计划、进度报告、工程变更、施工组织设计、分包合同等。施工成本管理的过程包括比较、分析、预测、纠偏和检查。通过比较可以发现成本是否超支；分析阶段可以找出偏差产生的原因，并确定偏差的严重性；预测阶段的目的是推算未来偏差的发展情况，确定纠偏对象并按调整方案执行，一定阶段后进行结果检查。其中，分析是成本控制的核心，纠偏是成本控制最具实质性的一步。

根据管理的需要和成本的特性，施工项目成本可分为预算成本、计划成本和施工成本。工程成本明细账目应按相应成本核算对象发生的生产费用分别设置，并按成本项目分设专栏以便在施工实际成本发生后，逐项对比。

控制工程成本的方法有过程控制法、价值工程原理法、挣值法及成本分析法。

(一) 过程控制法

施工成本的过程控制包括人工费的控制、材料费的控制、施工机械使用费的控制和分包费的控制。人工费的控制实行量价分离的方法，将作业用工及零星用工按定额工日的一定比例综合确定用工数量与单价，通过劳务合同进行控制。

材料费的控制分为材料用量的控制和材料价格的控制。

1. 材料用量的控制

在保证符合设计要求和质量标准的前提下，合理使用材料，通过定额管理、计量管理等手段有效控制材料物资的消耗，具体方法如下。

(1) 定额控制。对于有消耗定额的材料，以消耗定额为依据，实行限额发料制度。在规定限额内分期分批领用，超过限额领用的材料，必须先查明原因，经过一定的审批手续方可领用。

(2) 指标控制。对于没有消耗定额的材料，则实行计划管理和按指标控制的办法。根据以往项目的实际耗用情况，结合具体施工项目的内容和要求，制定领用材料指标，据以控制发料。超过指标的材料，必须经过一定的审批手续方可领用。

(3) 计量控制。准确做好材料物资的收发计量检查和投料计量检查。

(4) 包干控制。在材料使用过程中，对部分小型及零星材料(如钢钉、钢丝等)，根据工程量计算出所需材料量，将其折算成费用，由作业者包干控制。

2. 材料价格的控制

材料价格主要由材料采购部门控制。由于材料价格是由买价、运杂费、运输中的合理损耗等组成，因此控制材料价格，主要是通过掌握市场信息，应用招标和询价等方式控制材料、设备的采购价格。

施工项目的材料物资，包括构成工程实体的主要材料和结构件，以及有助于工程实体形成的周转使用材料和低值易耗品。从价值角度看，材料物资的价值，占装饰工程造价的 60%～70%，其重要程度自然是不言而喻。由于材料物资的供应渠道和管理方式各不相同，所以控制的内容和所采取的控制方法也有所不同。

另外，分包价格的高低，必然对项目经理部的施工项目成本产生一定的影响。因此，施工项目成本控制的重要工作之一是对分包价格的控制。项目经理部应在确定施工方案的初期确定需要分包的工程范围。决定分包范围的因素主要是施工项目的专业性和项目规模。对分包费用的控制，主要是要做好分包工程询价、订立平等互利的分包合同、建立稳定的分包关系网络、加强施工验收和分包结算等工作。

(二) 价值工程原理法

按照价值工程的公式 $V=F/C$(V 代表价值，F 代表功能，C 代表成本)进行分析，提高价值的途径有五条。

(1) 功能提高,成本降低。

(2) 功能不变,成本降低。

(3) 功能提高,成本不变。

(4) 降低辅助功能,大幅度降低成本。

(5) 成本稍有提高,大大提高功能。

其中第(1)、(2)、(4)条途径是提高价值,也是降低成本的途径。在寻求降低成本的对象时,应当选择价值系数低、降低成本潜力大的工程作为价值工程的对象。具体应用在工程项目上,需要认真进行图纸会审,积极提出修改意见,制订技术先进、经济合理的施工方案,加强合同预算管理和料具管理,制定职工奖惩制度,调动全员生产积极性。不管采用何种方式,保证质量和安全是绝对的前提。

(三) 挣值法

挣值法是通过分析项目成本目标实施与项目成本目标期望之间的差异,从而判断项目实施的费用、进度绩效的一种方法。

1. 三个成本值

挣值法主要运用三个成本值进行分析,分别是已完成工作预算成本、已完成工作实际成本和计划完成工作预算成本。

1) 已完成工作预算成本

已完成工作预算成本简称 BCWP,是指某一时间已经完成的工作(或部分工作),以批准认可的预算为标准计算的所需要的成本总额。

2) 已完成工作实际成本

已完成工作实际成本简称 ACWP,即到某一时刻止,已经完成的工作(或部分工作)实际花费的成本总额。

3) 计划完成工作预算成本

计划完成工作预算成本简称 BCWS,即根据进度计划,在某一时刻应当完成的工作(或部分工作),以预算为标准计算的所需要的成本总额。通常情况下,除非合同有变更,BCWS 在工作实施过程中应保持不变。

2. 挣值法的计算公式

在三个成本值的基础上,可以确定挣值法的四个评价指标,它们都是时间的函数。

1) 成本偏差 CV=BCWP−ACWP

当 CV 为正值时,表示项目运行节支,即实际成本低于预算成本;当 CV 为负值时,表示项目运行超支,即项目运行实际成本超出预算成本。

2) 进度偏差 SV=BCWP−BCWS

当 SV 为正值时,表示项目进度提前,即实际进度快于计划进度;当 SV 为负值时,表示项目进度延误,即实际进度落后于计划进度。

3) 成本绩效指数 CPI=BCWP/ ACWP

当 CPI>1 时,表示节支,即实际成本低于预算成本;当 CPI<1 时,表示超支,即实际成本高于预算成本。

4) 进度绩效指数 SPI=BCWP/BCWS

当 SPI>1 时,表示进度提前,即实际进度比计划进度快;当 SPI<1 时,表示进度延误,即实际进度比计划进度滞后。

将 ACWP、BCWP、BCWS 的时间序列数累加,便可形成三个累加数列,将其绘制在时间-成本坐标内,就能形成三条 S 形曲线,结合起来就能分析出动态的成本和进度状况。

(四) 成本分析法

装饰工程成本分析是对成本控制的过程和结果进行分析,即对成本升降的因素进行分析,为加强成本控制创造有利条件。

成本分析的依据有统计核算、业务核算和会计核算。

装饰工程成本分析的方法有两类八种。第一类为基本分析方法，有比较法、因素分析法、差额分析法和比率法；第二类为综合分析法，有分部分项工程成本分析、月（季）度成本分析、年度成本分析和竣工工程成本分析。其中，因素分析法最常用，其本质为分析各种因素对成本差异的影响，通过排序采用连环替代法进行分析。排序的原则为先工程量后价值量，先绝对数后相对数，然后逐个用实际数替代目标数，相乘后，用所得结果减替代前的结果，差数就是该替代因素对成本差异的影响。

【例 2-4】 某高校装修多间自习教室，计划进度与实际进度见表 2-14。表 2-14 中实线表示计划进度（进度线上方的数据为每周拟完成工作的计划成本，单位为万元），虚线表示实际进度（进度线上方的数据是每周实际发生的成本，单位为万元）。假定各分项工程每周计划进度与实际进度匀速进行，而且各分项工程实际完成工程量与计划完成工程量相等。根据以上背景解答问题。

(1) 计算每周成本数据，并列表填写。

(2) 试分析第 5 周末和第 8 周末的成本偏差和进度偏差。

表 2-14 某高校自习教室装修工程计划进度与实际进度对照

分项工程	计划进度与实际进度/周									
	1	2	3	4	5	6	7	8	9	10
吊顶龙骨安装及窗帘盒制作安装	5	5	5							
	5	5	5	3						
吊顶矿棉板安装			4	4						
				3	3					
墙面涂刷乳胶漆				3	3	3				
					3	3	3			
地面铺设塑料地板					7	7	7			
							6	6	7	
固定教室桌椅							6	6		
								4	4	3

解

(1) 某高校自习教室装修工程成本数据计算结果如表 2-15 所示。

表 2-15 某高校自习教室装修工程成本数据计算结果

项目	成本数据/万元									
	1	2	3	4	5	6	7	8	9	10
每周拟完工程计划成本	5	5	9	7	10	10	13	6		
拟完工程计划成本累计	5	10	19	26	36	46	59	65		
每周已完工程实际成本	5	5	5	6	6	3	9	10	11	3
已完工程实际成本累计	5	10	15	21	27	30	39	49	60	63
每周已完工程计划成本	3.75	3.75	3.75	7.75	7	3	10	11	11	4
已完工程计划成本累计	3.75	7.5	11.25	19	26	29	39	50	61	65

(2) 第 5 周末成本偏差与进度偏差如下。

成本偏差＝已完工程实际成本－已完工程计划成本＝(27－26)万元＝1 万元＞0，即成本超支 1 万元。

进度偏差＝已完工程实际时间－已完工程计划时间＝{5－[3＋(26－19)/(26－19)]}周＝1 周，即进度拖后 1 周。或：

进度偏差＝拟完工程计划成本－已完工程计划成本＝(36－26)万元＝10 万元，即进度拖后导致超支 10 万元。

第 8 周末成本偏差与进度偏差如下。

成本偏差＝已完工程实际成本－已完工程计划成本＝(49－50)万元＝－1 万元<0，即成本节约 1 万元。

进度偏差＝已完工程实际时间－已完工程计划时间＝{8－[6＋(50－46)/(50－46)]}周＝1 周，即进度拖后 1 周。或：

进度偏差＝拟完工程计划成本－已完工程计划成本＝(65－50)万元＝15 万元，即进度拖后导致超支 15 万元。

三、成本管理运行 THREE

(1) 项目部应始终坚持增收节支全面控制成本的原则，坚持责权利相结合，采用目标管理的方法，对实际施工成本发生过程进行有效控制。

(2) 项目部应根据计划目标成本的要求，做好材料采购计划，通过生产要素的优化配置，合理使用、动态管理，有效控制实际成本。

(3) 项目部应加强施工定额管理和施工任务单管理，控制活劳动和物化劳动的消耗。

(4) 项目部应加强施工调度，避免因施工材料计划不同和盲目调度造成窝工损失、机械利用率降低、物料积压等而使施工成本增加。

(5) 项目部应加强施工合同管理和索赔管理，正确运用施工合同条款和有关规定，及时进行索赔。

四、成本管理考核 FOUR

成本管理考核是施工项目成本管理的最后环节，成本管理考核应分层次进行，企业对项目部进行成本管理考核，项目部对项目内部各部门、岗位及各作业班组进行成本管理考核，按照考核内容逐项评分，根据责任成本完成情况和成本管理工作业绩的比例评分，综合质量、进度、安全和现场标准化管理等考核结果给予不同档次的奖励。

成本管理考核不只是最终考核，应该根据实际情况分阶段进行。企业可以根据考核结果及时纠正工作偏差，考核结果也能为下一个阶段的工作提供参照。考核不是目标，是实现项目效益最大化的途径，考核的同时，对于施工班组人员的素质教育应保持常态化，使其养成节约材料、节约能源的习惯，能够主动合理利用边角料，主动积极地提高施工速度和施工质量，改进优化施工工艺和方法。

思考与练习

一、单选题

1. 某分项工程计划工程量 3000 m^2，计划成本 15 元/平方米，实际完成工程量 2500 m^2，实际成本 20 元/平方米，则该分项工程的施工进度偏差为(　　)。

A. 拖后超支 7500 元　　B. 提前节约 7500 元

C. 拖后超支 12 500 元　　D. 提前节约 12 500 元

2. 赢得值法，即挣值法的主要参数不包括(　　)。

A. 计划工作的实际费用　　B. 已完成工作的实际费用

C. 计划工作的预算费用　　D. 已完成工作的预算费用

3. 下列定额中，按社会平均先进水平编制的是(　　)。

A. 预算定额　　B. 概算定额　　C. 施工定额　　D. 估算指标

4. 成本管理责任体系中，组织管理层的职能描述最准确的是(　　)。

A. 负责对生产成本的控制　　B. 负责对经营管理费用的控制

C. 贯穿于项目实施和结算过程　　D. 贯穿于项目投标、实施和结算过程

5. 装饰门套的计量单位是(　　)。

A. 樘　　B. m^2　　C. 套　　D. m^3

6. 在工程价款动态结算时，价格调整所要考虑的地点一般是(　　)。

A. 政府指定地点　　B. 工程所在地

C. 发包人总部所在地　　D. 承包人总部所在地

7. 根据《建设工程工程量清单计价规范》的规定，如果施工过程中出现了清单漏项或设计变更引起的新的清单项目，其单价应该(　　)。

A. 由承包人提出价格，发包人确认　　B. 由工程师提出价格，发包人确认

C. 由工程师提出价格，承包人确认　　D. 参照清单单价确认

8. 施工成本控制的步骤中，最具实质性的一步是(　　)。

A. 比较　　B. 预测　　C. 纠偏　　D. 分析

9. 工程量清单计价模式下，装饰综合单价中的利润的计算基数和费率分别是(　　)。

A. 人工费，12%　　B. 人工费＋机械费，12%

C. 人工费，25%　　D. 人工费＋机械费，25%

10. 赢得值法(挣值法)评价指标之一的费用偏差反映的是(　　)。

A. 统计偏差　　B. 平均偏差　　C. 绝对偏差　　D. 相对偏差

11. 某酒店装饰工程，合同约定工人窝工费 80 元/天，泥瓦工工资 180 元/天，在大理石铺贴 5 天后，由于施工方劳动力安排不当，造成 3 人窝工 4 天，铺贴到第 11 天，由于南方洪水，甲供大理石不能及时供应，又造成 6 名工人窝工 3 天。那么，施工方在大理石铺贴项目中可提出人工费索赔(　　)元。

A. 0　　B. 1440　　C. 2400　　D. 3240

12. 施工成本控制的步骤中，最核心的是(　　)。

A. 比较　　B. 预测　　C. 纠偏　　D. 分析

13. 某公装工程一共用 800 mm×800 mm 地砖 900 块，分两批采购，第一批采购了 300 块，单价为 70 元/块，运到工地的费用为 0.5 元/块，其余的单价为 95 元/块，运费为 0.6 元/块，该地砖的采购保管费费率为 2%，包装品共回收 135 元，则该地砖的单价为(　　)。

A. 90.47 元/块　　B. 90.68 元/块　　C. 88.90 元/块　　D. 88.69 元/块

14. 为施工准备、组织和管理施工生产的成本支出，称为(　　)。

A. 直接成本　　B. 间接成本　　C. 计划成本　　D. 施工成本

15. 进行施工成本控制时，获得工程实际完成量、成本实际支出等信息的主要途径是(　　)。

A. 进度报告　　B. 工程预算　　C. 施工组织设计　　D. 工程承包合同

16. 当发生索赔事件时，按照索赔的程序，承包人首先应(　　)。

A. 向政府建设主管部门报告　　B. 搜集索赔证据、计算经济损失和工期损失

C. 以书面形式向工程师提出索赔意向通知　　D. 向工程师提出索赔报告

17. 某工程业主方提供的施工图纸有误，造成施工总包单位人员窝工 75 工日，增加用工 8 工日；施工分包单位设备安装质量不合格返工处理，造成人员窝工 60 工日，增加用工 6 工日。合同约定人工费日工资标准为 50 元，窝工补偿标准为日工资标准的 70%，则业主应给予施工总包单位的人工费索赔金额是(　　)元。

A. 5425　　B. 4150　　C. 3025　　D. 2905

18. 下列各项费用中，不得作为竞争性费用的是(　　)。

A. 安全文明施工费　　B. 管理人员工资
C. 材料二次搬运费　　D. 夜间施工费

19. 支付工程进度款时,承包人提交已完工程量报告后,应由(　　)核实并确认。
A. 发包人　　B. 发包人代表　　C. 监理工程师　　D. 工程师代表

20. 某装饰工程直接工程费为120万元,其中,人工费、材料费和机械使用费的比例为3∶8∶1,则其分部分项工程费为(　　)。
A. 120万元　　B. 164万元　　C. 150万元　　D. 175万元

21. 工程量清单中,其他项目清单不包括(　　)。
A. 暂列金额　　B. 计日工　　C. 总承包服务费　　D. 社会保障费

22. 某酒店装饰工程月末成本分析,经核算得出已完成工程实际成本为780万元,而计划完成工程的预算成本为830万,已完成工程的预算成本为820万。
(1) 该项目成本偏差为(　　)。
A. 40万元　　B. −40万元　　C. 50万元　　D. −50万元
(2) 该项目成本绩效指数是(　　)。
A. 0.98　　B. 1.05　　C. 0.94　　D. 1.03
(3) 表示该项目在成本支出方面(　　)。
A. 节支　　B. 与预算相符　　C. 超支　　D. 不能确定
(4) 表示该项目在进度方面(　　)。
A. 提前　　B. 与计划相符　　C. 延误　　D. 不能确定

二、多选题

1. 在工程项目实施阶段,工程费用的结算可以根据不同情况采用多种方式,包括(　　)。
A. 分部结算　　B. 分项结算　　C. 分阶段结算　　D. 按月结算　　E. 竣工后一次结算

2. 在工程量清单计价模式下,综合单价由(　　)等组成。
A. 人工费　　B. 规费　　C. 管理费　　D. 利润　　E. 机械使用费

3. 某工程在施工四个月后发生费用偏差,在众多原因中属于业主原因的是(　　)。
A. 施工方案不当　　B. 施工场地未及时到位　　C. 梅雨季节工人窝工
D. 图纸损坏延误工期　　E. 甲供材料由于泥石流困在运输途中

4. 分部分项工程成本分析过程中,通常首先进行“三算”对比,三算包括(　　)。
A. 目标成本　　B. 统计成本　　C. 实际成本　　D. 预算成本　　E. 业务成本

5. 在工程量清单计价模式下,税金的计算基数由(　　)组成。
A. 其他项目费用　　B. 措施项目清单费用　　C. 规费
D. 综合单价　　E. 分部分项工程费用

6. 施工成本控制的主要依据包括(　　)等。
A. 财务报表　　B. 施工组织设计　　C. 工程变更
D. 施工成本计划　　E. 工程承发包合同

7. 下列包含在综合单价里的有(　　)。
A. 管理人员的工资　　B. 乳胶漆喷涂机的费用
C. 垃圾清运工人的工资　　D. 工程的利润
E. 技术人员的培训费

8. 施工成本控制的过程包括(　　)。
A. 比较　　B. 预测　　C. 分析　　D. 上报　　E. 检查

9. 在分析某施工项目成本时,可以作为项目成本费用组成部分的有(　　)。
A. 周转材料的摊销费　　B. 招待监理费用

C. 项目上缴企业的利润　　D. 劳动竞赛奖金

E. 项目部购买办公用品的费用

10. 下列属于不可竞争费的是(　　)。

A. 建设管理费　　B. 利润　　C. 材料保管费

D. 税金　　E. 安全文明施工费

11. 定额按用途分包括以下几种:(　　)。

A. 预算定额　　B. 材料消耗定额　　C. 施工定额

D. 投资估算指标　　E. 企业定额

12. 承包装饰工程项目的法人必须具备的条件是(　　)。

A. 有自己的名称、组织机构和场所　　B. 能够独立承担民事责任

C. 依法成立　　D. 有必要的财产和经费

E. 有必要的专业人才

13. 下列施工成本管理措施中,属于经济措施的有(　　)。

A. 编制资金使用计划

B. 及时准确记录、收集、整理、核算实际发生的成本

C. 选用最合适的施工机械

D. 编制施工成本控制工作计划

E. 使用先进、高效的机械设备

14. 工程项目成本管理的基础工作包括(　　)。

A. 建立成本管理责任体系　　B. 建立企业内部施工定额

C. 及时进行成本核算　　D. 编制项目成本计划

E. 科学设计成本核算账册

15. 社会保障费的计算基数不包括(　　)。

A. 分部分项工程费　　B. 措施费　　C. 其他项目费

D. 规费　　E. 税金

16. 施工成本分析的基本方法有(　　)。

A. 比较法　　B. 因素分析法　　C. 曲线法　　D. 比率法　　E. 差额计算法

17. 在工程变更确定后,合同价款调整的方式通常包括下列哪几种?(　　)

A. 重新招投标　　B. 参照类似价格变更

C. 承包人提出变更价格,工程师确认　　D. 按合同已有的价格变更

E. 承包人与业主协商确定

18. 下列费用中,承包商可以向业主进行索赔的是(　　)。

A. 新增工程量增加的费用　　B. 设计变更增加的费用

C. 梅雨季节导致工期延长增加的费用　　D. 承包人更换材料供应商导致人员窝工费用

E. 窝工人员的工资

19. 成本分析的依据有(　　)等资料。

A. 会计核算　　B. 业务核算　　C. 统计核算　　D. 工程预算　　E. 工程决算

20. 索赔费用的计算方法有(　　)。

A. 综合单价法　　B. 市场协商法　　C. 总费用法

D. 修正的总费用法　　E. 实际费用法

三、案例分析

某大厦一楼隔墙工程合同工期为 20 天,合同中规定采用综合单价法计价方式,以直接费为计算基础。合

同工程量为 1000 m^2，直接工程费为 50 元/平方米，间接费费率为 10%，利润费率为 5%，税率为 3.4%。合同约定窝工费按每天 200 元计算。在施工过程中发生如下事件。

事件一：因业主未及时提供现场而晚开工 5 天。

事件二：因工人操作失误，有 60 m^2 返工重做。

事件三：因罕见的大雨，大厦进水停工 7 天。

事件四：由于设计变更，工程量增加 200 m^2。

问题：

1. 该项目合同价款是多少？
2. 分别说明事件一、事件二、事件三能否索赔？说明原因。
3. 施工单位应得到的索赔工期和费用是多少？

第八章

施工质量管理

第一节　施工质量管理和质量控制的基础知识

装饰工程质量不仅关系到建筑工程的适用性和投资效益，而且关系到人民群众生命和财产的安全。对装饰工程质量实施有效控制，保证工程质量达到预期目标是项目管理的主要任务之一。

我国 GB/T 19000—2016《质量管理体系　基础和术语》关于质量的定义是：一组固有特性满足要求的程度，即质量不仅是产品的质量，而且包括活动过程中的工作质量，还包括质量管理体系运行的质量。质量要求是动态的、发展的和相对的。

施工质量是指工程项目施工活动及其产品的质量，即通过施工使工程满足业主(顾客)需要并符合国家法律、法规、技术规范标准、设计文件及合同规定的要求，包括在安全、使用功能、耐久性、环保等方面所有明示和隐含需要的能力的特性综合。

质量管理就是确定和建立质量方针、质量目标及职责，并在质量管理体系中通过质量策划、质量控制、质量保证和质量改进等手段来实施和实现全部质量管理职能的所有活动。

施工质量管理是指工程项目在实施和验收阶段，指挥和控制工程施工组织关于质量的相互协调的活动，使工程项目施工围绕着使产品质量满足不断更新的质量要求而开展的策划、组织、计划、实施、检查、监督和审核等所有管理活动的总和。它是工程项目各级职能部门领导的职责，而工程项目部的最高领导即项目经理应对工程质量负全责。

质量控制是质量管理的一部分，是致力于满足质量要求的一系列相关活动。施工质量控制是指在明确的质量方针指导下，通过对施工方案和资源配置的计划、实施、检查和处置，进行施工质量目标的事前控制、事中控制和事后控制的系统过程。

装饰工程也是产品，但其不同于一般的工业产品，是一种特殊的产品，如产品的预约性和一次性、产品的固定性和施工生产的流动性、产品的单一性和复杂性等，故装饰工程质量管理不可能照搬照抄，只能是不可逆的一次性施工、一次性管理。因此其施工质量管理具有特殊性。

一、施工质量控制的特点　ONE

1. 控制因素多

工程项目的施工质量受到多种因素的影响，包括设计、材料、机械、气候、施工工艺、操作方法、技术措施、管理制度等。因此，要保证施工质量，必须对所有影响因素进行有效控制。

2. 控制难度大

由于装饰产品生产的单件性和流动性，且不具有通常标准化产品生产的条件和环境，施工质量非常容易产生波动，而且施工场面大、人员多、工序多、关系复杂、作业环境差，不容易相互协调，都加大了质量控制的难度。

3. 过程控制要求高

装饰工程在施工过程中，由于工序衔接多、中间交接多、隐蔽工程多，施工质量具有一定的隐蔽性和过程性，在施工过程中必须加强质量检查，及时发现和整改存在的问题，避免事后破坏性检查，杜绝隐藏质量隐患。

4. 终检局限性大

工程项目完成以后不能像一般工业产品一样依靠终检来判定质量，更不能通过拆解来检验，所以工程项目的终检(竣工验收)存在一定局限性。因此，工程项目的施工质量控制应强调过程控制，边施工边检查边整改，及时做好检查、认证记录。

二、施工质量的影响因素 TWO

施工质量的影响因素主要有人(Man)、材料(Material)、机械(Machine)、方法(Method)和环境(Environment)等五大方面，即4M1E。

1. 人

操作人员的理论和技术水平、生理缺陷、粗心大意、违纪违章等都是影响因素。施工时要考虑对人的因素的控制，因为人是施工过程的主体，工程质量受到所有参与工程项目施工的工程技术干部、操作人员、服务人员的共同影响，他们是影响工程质量的主要因素。

2. 材料

材料(包括原材料、成品、半成品、构配件)是工程施工的物质条件。材料质量是工程质量的基础，材料质量不符合要求，工程质量就很难符合标准，所以加强材料的质量控制，是提高工程质量的重要保证。

3. 机械

相对来说，装饰工程使用的机械以小型施工机械居多，问题相对较少，但是合理选择机械的类型、数量、参数，合理使用机械设备，正确操作，也是不可忽视的质量控制环节。

4. 方法

从某种角度讲，方法的好坏，决定了施工质量的优劣。采用先进合理的方法，依据规范的方法和作业指导书进行施工，必将对组成质量因素的产品精度、平整度、整洁度等方面起到良性的推动作用。施工过程中，由于施工方案考虑不周而拖延进度、影响质量、增加投资的情况并不鲜见。因此，制订和审核施工方案时，必须结合工程实际，从技术、管理、工艺、组织、操作、经济等方面进行全面分析、综合考虑，以保证方案有利于提高质量、加快进度、降低成本。

5. 环境

环境对工程质量的影响具有复杂而多变的特点。环境包括自然环境、作业环境和施工质量管理环境。

自然环境指变化万千的气象条件，如温度、湿度、大风、暴雨、酷暑、严寒都直接影响工程质量。作业环境指施工现场照明、通风、安全防护等条件和土建结构构件质量情况等。施工质量管理环境因素指施工企业质量管理制度等的贯彻与运行情况，以及项目部内容协调等因素。

三、质量控制的准备工作 THREE

一个建设工程从施工准备开始到竣工交付使用，要经过若干工序、工种的配合施工。施工质量的优劣取决于各个施工工序、工种的管理水平和操作质量。因此，为了便于控制、检查、评定和监督每个工序和工种的工作质量，需要把整个工程逐级划分为单位工程、分部工程、分项工程和检验批，并分级进行编号，据此来进行质量控制和检查验收，这是进行施工质量控制的一项基础工作。

从建筑工程施工质量验收的角度来说，工程项目应逐级划分为单位工程、分部工程、分项工程和检验批。

(1) 单位工程的划分应按下列原则确定：具备独立施工条件并能形成独立使用功能的建筑物或构筑物为一个单位工程。建筑规模较大的单位工程，可将其能形成独立使用功能的部分作为一个子单位工程。

(2) 分部工程的划分应按专业性质、建筑部位确定。当分部工程较大或较复杂时，可按材料种类、施工特点、施工程序、专业系统及类别等划分为若干子分部工程。

(3) 分项工程应按主要工种、材料、施工工艺、设备类别等进行划分。分项工程可由一个或若干个检验批组成，检验批可根据施工及质量控制和专业验收需要按楼层、施工段、变形缝等进行划分。

装饰工程可根据专业类别和工程规模划分单位工程，如图 2-10 所示。一般建筑装饰工程可划分为装饰工程和安装工程。

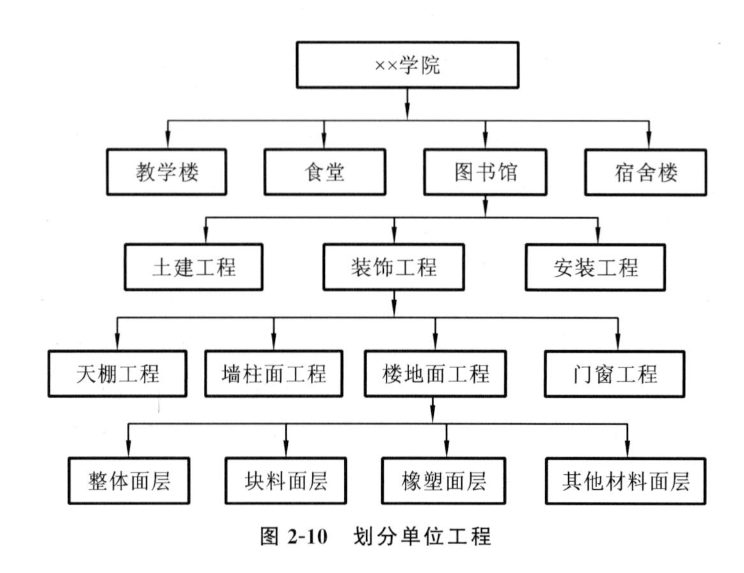

图 2-10 划分单位工程

第二节 施工质量管理体系的建立和运行

质量保证体系是企业内部的一种管理手段，在合同环境中，质量保证体系是施工单位取得建设单位信任的基础。

一、质量保证体系的内涵和作用 ONE

所谓“体系”是指相互关联或相互影响的一组要素。质量保证体系是为了保证某项产品或某项服务能满足给定的质量要求而建立的体系，包括质量方针和目标，以及为实现目标所建立的组织结构系统、管理制度办法、实施计划方案和必要的物质条件所组成的整体。质量保证体系的运行包括该体系全部有目标、有计划的系统活动。在工程项目施工中，完善的质量保证体系是满足用户质量要求的保证。施工质量保证体系可以对影响施工质量的要素进行连续检查评价，并提供证据。质量保证体系是企业内部的一种系统的技术和管理手段。

在合同环境中，施工质量保证体系可以向建设单位(业主)证明施工单位具有足够的管理和技术能力保证全部施工是在严格的质量管理下完成的，从而取得建设单位(业主)的信任。

二、施工质量保证体系的内容 TWO

工程项目的施工质量保证体系以控制和保证施工质量为目标,从施工准备、施工生产到竣工投产的全过程,运用系统的概念和方法,在全体人员的参与下,建立一套严密、协调、高效的全方位的管理体系,从而实现工程项目施工质量管理的制度化、标准化。其内容主要包括以下几个方面。

1. 项目施工质量目标

项目施工质量保证体系需有明确的质量目标,并符合项目质量总目标的要求,要以工程承包合同为基本依据,逐级分解目标以形成合同环境下的各级质量目标。项目施工质量目标的分解主要从两个角度展开:从时间角度展开,实施全过程的控制;从空间角度展开,实现全方位和全员的质量目标管理。

2. 项目施工质量计划

项目施工质量保证体系应有可行的质量计划。质量计划应根据企业的质量手册和项目质量目标来编制。工程施工质量计划可以按内容分为施工质量工作计划和施工质量成本计划。施工质量工作计划主要包括以下内容。

(1) 质量目标的具体描述、对整个项目施工质量形成的各工作环节的责任和权限的定量描述。

(2) 采用的特定程序、方法和工作指导书。

(3) 重要工序(工作)的试验、检验、验证和审核大纲。

(4) 质量计划修订程序。

(5) 为达到质量目标所采取的其他措施。

施工质量成本可分为运行质量成本和外部质量保证成本。运行质量成本指的是为运行质量保证体系以达到和保持规定的质量水平所支付的费用,包括预防成本、鉴定成本、内部损失成本和外部损失成本。外部质量保证成本是指依据合同要求向顾客提供所需要的客观证据所支付的费用,包括特殊的和附加的质量保证措施、程序、数据、证实试验和评定所需的费用。

3. 思想保证体系

思想保证体系是项目施工质量保证体系的基础。该体系运用全面质量管理的思想、观点和方法使全体人员树立"质量第一"的观点,增强质量管理意识,在施工的全过程中全面贯彻"一切为用户服务"的思想,以达到提高施工质量的目的。

4. 组织保证体系

工程施工质量是各项管理工作成果的综合反映,也是管理水平的具体体现。项目施工质量保证体系必须建立健全各级质量管理组织,分工负责,形成一个有明确职责和权限、互相协调和互相促进的有机整体。组织保证体系的内容主要包括成立质量管理小组,健全各种规章制度,明确规定各职能部门主管人员和参与施工人员在保证和提高工程质量中所承担的任务、职责和权限,建立质量信息系统。

5. 工作保证体系

工作保证体系主要是明确工作任务和建立工作制度,落实在以下三个阶段。

1) 施工准备阶段的质量控制

施工准备是为整个基本项目施工创造条件。准备工作的好坏,不仅直接关系到工程建设能否快速、优质地完成,而且决定了能否对工程质量事故起到一定的预防、控制作用。

2) 施工阶段的质量控制

施工过程是产品形成的过程。这个阶段的质量控制是非常关键的。施工阶段的质量控制,必须加强工序管理,建立质量检查制度,严格实行自检、互检、交接检,开展群众性的质量控制活动,强化过程控制,以确保施工阶段的工作质量。施工质量控制应贯彻全面全过程质量管理的思想,运用动态控制原理,进行质量的事前控制、事中控制和事后控制。

(1) 事前质量控制。

事前质量控制即在正式施工前进行的事前主动质量控制,通过编制施工质量计划,明确质量目标,制订施工方案,设置质量管理点,落实质量责任,分析可能导致质量目标偏离的各种影响因素,针对这些影响施工质量的因素制定有效的预防措施,防患于未然。

(2) 事中质量控制。

事中质量控制是指在施工质量形成过程中,对影响施工质量的各种因素进行全面的动态控制。事中控制首先是对质量活动的行为约束,其次是对质量活动过程和结果的监督控制。事中控制的关键是坚持质量标准,控制的重点是工序质量、工作质量和质量控制点的控制。

(3) 事后质量控制。

事后质量控制是使不合格的工序或最终产品(包括单位工程或整个工程项目)不流入下道工序、不进入市场。事后控制包括对质量活动结果的评价、认定和对质量偏差的纠正。事后控制的重点是发现质量方面的缺陷,并通过分析提出改进施工质量的措施,保证质量处于受控状态。

3) 竣工验收阶段的质量控制

产品竣工验收,是指单位工程或单项工程完全竣工,移交给建设单位,同时,还指分部、分项工程中的某一道工序完成,移交给下一道施工工序。这一阶段主要是做好成品保护、加强工序联系、不断改进措施、建立回访制度等工作。

三、施工质量保证体系的运行 THREE

施工质量保证体系的运行,应以质量计划为主线,以过程控制为重心,按照 PDCA 循环的原理展开控制。制订计划(Plan)是质量管理的首要环节,即确定质量管理的方针、目标,以及实现方针、目标的措施和行动计划;实施(Do)包括计划行动方案的交底和按计划规定的方法及要求开展施工作业技术活动;检查(Check)就是对照计划,检查执行的情况和结果,包括检查是否严格执行计划行动方案和检查计划执行的结果;处理(Act)是以检查结果为依据,分析检查结果、总结经验、吸取教训,以调整修正下一步计划。

质量管理的全过程是反复按照 PDCA 循环周而复始地运转,每运转一次,工程质量就提高一点。PDCA 循环是在一个大环套小环、互相衔接、互相促进、螺旋上升的过程中,形成完整的循环的不断的质量推进。

质量管理必须坚持以下原则:以顾客为关注焦点;管理要系统并持续改进;坚持基于事实的决策方法和与供方互利的关系;在质量管理过程中领导作用、全员参与;注重过程和方法。

四、施工企业质量管理体系 FOUR

(1) 质量管理体系原则:以顾客为关注焦点、领导作用、全员参与、过程方法、管理的系统方法、持续改进、基于事实的决策方法、与供方互利的关系八项原则。

(2) 施工企业质量管理体系文件由质量手册、程序文件、质量计划和质量记录等构成。

(3) 施工企业质量管理体系一般可分为三个阶段建立与运行,即质量管理体系的建立、质量管理体系文件的编制和质量管理体系的实施运行。

(4) 质量管理体系认证与监督。认证应按申请、审核、审批与注册发证等程序进行。认证后监督管理工作的主要内容有企业通报、监督检查、认证注销、认证暂停、认证撤销、复评及重新换证等。

第三节 施工质量控制的内容和方法

装饰工程质量检查是装饰工程质量的保障。现场质量检查的方法主要有目测法、实测法和试验法等。目测法即凭借感官进行检查，也称观感质量检验。其手段可概括为“看、摸、敲、照”四个字。实测法就是通过实测数据与施工规范、质量标准的要求及允许偏差值进行对照，以此判断质量是否符合要求。其手段可概括为“靠、量、吊、套”四个字。试验法是指通过必要的试验手段对质量进行判断的检查方法。它主要包括无损检测和理化试验，工程中常用的理化试验包括物理力学性能方面的检验和化学成分及其含量的测定两个方面。现场质量检查的内容包括以下几个方面。

(1) 开工前的检查。

(2) 工序交接检查，应严格执行“三检”制度，即自检、互检、专检。未经监理工程师(或建设单位技术负责人)检查认可，不得进行下道工序施工。

(3) 隐蔽工程的检查。

(4) 停工后复工的检查。

(5) 分项、分部工程完工后的检查。

(6) 成品保护的检查。

一、抹灰工程 ONE

抹灰工程包括一般抹灰、装饰抹灰和清水砌体等分项工程。抹灰工程验收时应检查下列内容。

(1) 抹灰工程的施工图、设计说明及其他设计文件。

(2) 材料的产品合格证书、性能检测报告、进场验收记录和复验报告。

(3) 隐蔽工程验收记录。

(4) 施工记录。

① 抹灰工程应对水泥的凝结时间和安定性进行复验。

② 抹灰总厚度大于或等于 35 mm 时的加强措施、不同材料基体交接处的加强措施属于隐蔽工程项目，要在验收后方可进行下一道工序。

(5) 各分项工程的检验批应该按下列规定划分。

① 相同材料、工艺和施工条件的室外抹灰工程每 500～1000 m^2 应划分为一个检验批，不足 500 m^2 也应划分为一个检验批。

② 相同材料、工艺和施工条件的室内抹灰工程每 50 个自然间(大面积房间和走廊按抹灰面积 30 m^2 为一间)应划分为一个检验批，不足 50 间也应划分为一个检验批。

检查数量应符合下列规定。

① 室内每个检验批至少抽查 10%，并且不得少于 3 间；不足 3 间时应全数检查。

② 室外每个检验批每 100 m^2 应至少抽查一处，每处不得小于 10 m^2。

(6) 外墙抹灰工程施工前应先安装钢木门窗框、护栏等，并将墙上的施工孔洞堵塞密实。

(7) 抹灰用的石灰膏的熟化期不应少于 15 天；罩面用的磨细石灰粉的熟化期不应少于 3 天。

(8) 室内墙面、柱面和门洞口的阳角做法应符合设计要求。设计无要求时，应采用 1∶2 水泥砂浆做暗护角，其高度不应低于 2 m，每侧宽度不应小于 50 mm。

(9) 当要求抹灰层具有防水、防潮功能时，应采用防水砂浆。

(10) 各种砂浆抹灰层，在凝结前应防止快干、水冲、撞击、振动和受冻，在凝结后应采取措施防止玷污和损坏。水泥砂浆抹灰层应在湿润条件下养护。

(11) 外墙和顶棚的抹灰层与基层之间及各抹灰层之间必须黏结牢固。

(一) 一般抹灰工程

一般抹灰分为普通抹灰和高级抹灰,当设计无要求时,按普通抹灰验收。所用材料通常为石灰砂浆、水泥砂浆、水泥混合砂浆、聚合物水泥砂浆和麻刀石灰、纸筋石灰、石膏灰等。

1. 主控项目

(1) 抹灰前基层表面的尘土、污垢、油渍等应清除干净,并应洒水润湿。

检验方法:检查施工记录。

(2) 所用材料:一般抹灰所用材料的品种和性能应符合设计要求。水泥的凝结时间和安定性复验应合格。砂浆的配合比应符合设计要求。

检验方法:检查产品合格证书、进场验收记录、复验报告和施工记录。

(3) 抹灰工程应分层进行。当抹灰总厚度大于或等于 35 mm 时,应采取加强措施。不同材料基体交接处表面的抹灰,应采取防止开裂的加强措施,当采用加强网时,加强网与各基体搭接宽度不应小于 100 mm。

检验方法:观察或用小锤轻击检查;检查施工记录。

2. 一般项目

一般抹灰工程的表面质量应符合下列规定。

(1) 普通抹灰表面应光滑、洁净、接槎平整,分格缝应清晰。

(2) 高级抹灰表面应光滑、洁净、颜色均匀、无抹纹,分格缝和灰线应清晰美观。

检验方法:观察;手扳检查。

(3) 护角、孔洞、槽、盒周围的抹灰表面应整齐、光滑;管道后面的抹灰表面应平整。

检验方法:观察。

(4) 抹灰层的总厚度应符合设计要求,水泥砂浆不得抹在石灰砂浆层上,罩面石膏灰不得抹在水泥砂浆层上。

检验方法:检查施工记录。

(5) 抹灰分格缝的设置应符合设计要求,宽度和深度应均匀,表面应光滑,棱角应整齐。

检查方法:观察;尺量检查。

(6) 有排水要求的部位应做滴水线(槽)。滴水线(槽)应整齐顺直,滴水线应内高外低,滴水槽的宽度和深度均不应小于 10 mm。

检验方法:观察;尺量检查。

(7) 一般抹灰工程质量的允许偏差和检验方法应符合表 2-16 的规定。

表 2-16 一般抹灰工程质量的允许偏差和检验方法

项次	项目	允许偏差/mm		检验方法
		普通抹灰	高级抹灰	
1	立面垂直度	4	3	用 2 m 垂直检测尺检查
2	表面平整度	4	3	用 2 m 靠尺和塞尺检查
3	阴阳角方正	4	3	用直角检测尺检查
4	分格条(缝)直线度	4	3	拉 5 m 线,不足 5 m 拉通线,用钢直尺检查
5	墙裙、勒脚上口直线度	4	3	拉 5 m 线,不足 5 m 拉通线,用钢直尺检查

注:①普通抹灰,本表第 3 项阴角方正可不检查;②顶棚抹灰,本表第 2 项表面平整度可不检查,但应平顺。

(8) 将测量数据填写在一般抹灰工程检验批质量验收记录表(见表 2-17)中,相关人员签字后找监理工程师签认。

表 2-17 一般抹灰工程检验批质量验收记录表

编号：

<table>
<tr><td colspan="3">单位(子单位)工程名称</td><td colspan="5"></td></tr>
<tr><td colspan="3">分部(子分部)工程名称</td><td colspan="2"></td><td>验收部位</td><td colspan="2"></td></tr>
<tr><td colspan="3">施工单位</td><td colspan="2"></td><td>项目经理</td><td colspan="2"></td></tr>
<tr><td colspan="3">施工执行标准名称及编号</td><td colspan="5"></td></tr>
<tr><td colspan="3">分包单位</td><td colspan="2"></td><td>分包项目经理</td><td colspan="2"></td></tr>
<tr><td colspan="4">施工质量验收规范的规定</td><td colspan="2">施工单位检查评定记录</td><td colspan="2">监理(建设)单位验收记录</td></tr>
<tr><td rowspan="4">主控项目</td><td>1</td><td>基层表面</td><td>第 4.2.2 条</td><td colspan="2"></td><td colspan="2" rowspan="4"></td></tr>
<tr><td>2</td><td>材料品种和性能</td><td>第 4.2.3 条</td><td colspan="2"></td></tr>
<tr><td>3</td><td>操作要求</td><td>第 4.2.4 条</td><td colspan="2"></td></tr>
<tr><td>4</td><td>层黏结及面层质量</td><td>第 4.2.5 条</td><td colspan="2"></td></tr>
<tr><td rowspan="6">一般项目</td><td>1</td><td>表面质量</td><td>第 4.2.6 条</td><td colspan="2"></td><td colspan="2" rowspan="6"></td></tr>
<tr><td>2</td><td>细部质量</td><td>第 4.2.7 条</td><td colspan="2"></td></tr>
<tr><td>3</td><td>层与层间材料要求层总厚度</td><td>第 4.2.8 条</td><td colspan="2"></td></tr>
<tr><td>4</td><td>分格缝</td><td>第 4.2.9 条</td><td colspan="2"></td></tr>
<tr><td>5</td><td>滴水线(槽)</td><td>第 4.2.10 条</td><td colspan="2"></td></tr>
<tr><td>6</td><td>允许偏差</td><td>第 4.2.11 条</td><td colspan="2"></td></tr>
<tr><td colspan="3" rowspan="2">施工单位检查评定结果</td><td>专业工长(施工员)</td><td></td><td>施工班组长</td><td colspan="2"></td></tr>
<tr><td colspan="5">项目专业质量检查员：　　　　年　月　日</td></tr>
<tr><td colspan="3">监理(建设)单位验收结论</td><td colspan="5">专业监理工程师：
(建设单位项目专业技术负责人)：　　　　年　月　日</td></tr>
</table>

3. 检查方法

1) 墙体表面平整度

测量工具：靠尺、塞尺或激光扫平仪等。墙体表面平整度测量示意图如图 2-11 所示。

(1) 当抹灰墙长度 $L \geqslant 3$ m 时，利用 2 m 靠尺及塞尺，按 45°角将靠尺斜放在墙边顶部和底部测 2 尺平整度，在墙中间水平测量 1 尺平整度，墙根向上 200 mm 处测 1 尺平整度，共测量 4 尺，如图 2-12 所示。

(2) 当抹灰墙长度 1.5 m$\leqslant L<$3 m 时，利用 2 m 靠尺及塞尺，按 45°角将靠尺斜放在墙边顶部和底部测 2 尺平整度，共测量 2 尺，如图 2-13 所示。

(3) 当砌筑墙体长度 $L<1.5$ m 时，不进行平整度测量。

(4) 对于一些超长的抹灰墙，其长度按抹灰前的砌体或者混凝土墙长度界定，划分为若干个普通抹灰墙或预留洞抹灰墙。预留洞混凝土墙进行测量分解，分解后参照普通抹灰墙操作方法进行测量。

2) 墙体垂直度

测量工具：靠尺、吊锤、激光铅垂仪。

测量方法：普通抹灰墙体通常用吊锤、靠尺、激光铅垂仪等检测。

3) 墙体阴阳角方正

测量工具：直角尺。

图 2-11　墙体表面平整度测量示意图

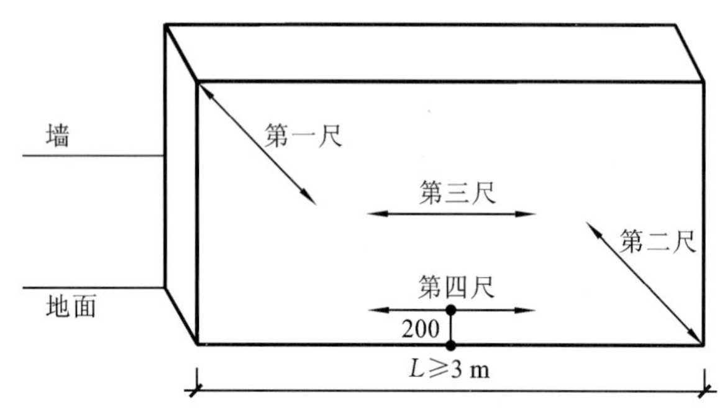

图 2-12　普通抹灰墙表面平整度测量($L \geq 3$ m)

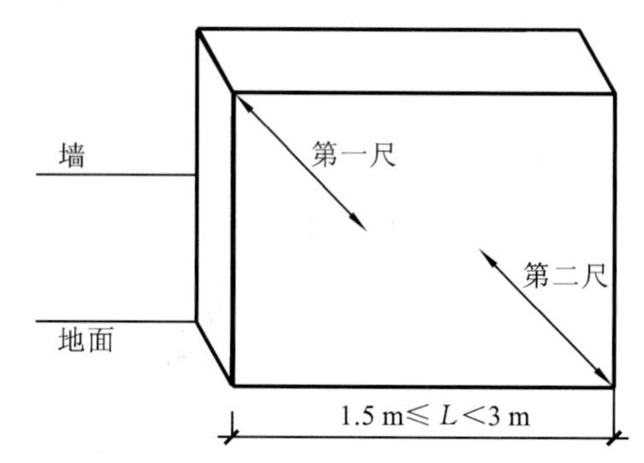

图 2-13　普通抹灰墙表面平整度测量(1.5 m$\leq L <$3 m)

测量方法:利用直角尺检查抹灰阴阳角方正,墙体转角处离地面 300 mm 和 1500 mm(间隔 1200 mm)处测量 2 尺。阴阳角方正测量示意图如图 2-14 所示。

4) 房间开间和进深

房间开间和进深合格标准:[−10,10]mm。

测量工具:激光测距仪、5 m 卷尺。

测量方法:同一房间的开间/进深方向离墙边 300 mm 处各测 1 尺(离地 20～30 cm),中间居中测量 1 尺,共测 3 尺,所测 3 尺数据与设计值进行比较,取 3 尺数据中与设计值的最大偏差值,判定此开间/进深合格与否,如图 2-15 所示。

5) 地坪表面平整度

找平层地面平整度合格标准:[0,3]mm。

测量工具:靠尺、塞尺。

测量方法:任选同一房间地面的 2 个对角区域,按与墙面夹角 45°平放靠尺测量 2 尺,加上房间中部区域测量 1 尺,共测量 3 尺。

客厅、餐厅或较大房间地面的中部区域需加测 1 尺,读出塞尺的数值,判断是否符合合格标准。地坪表面平整度测量示意图如图 2-16 所示。

6) 方正

抹灰完成的房间方正合格标准:[0,6]mm。

测量工具:激光扫平仪、5 m 卷尺。

测量方法:房间方正测量示意图如图 2-17 所示。(注:仪器架设于控制线交点上,以开间方向控制线为依据,检查进深方向控制线与墙面的距离,量测 3 尺,根据 3 尺中的最大数据与合格标准的比值来衡量是否合格。)

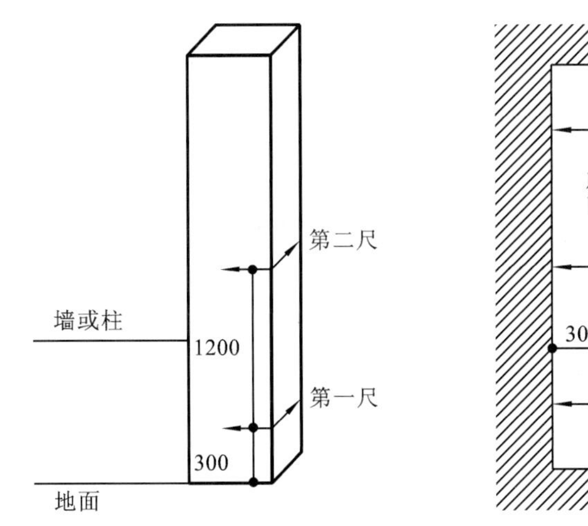

图 2-14　墙体阴阳角方正测量示意图

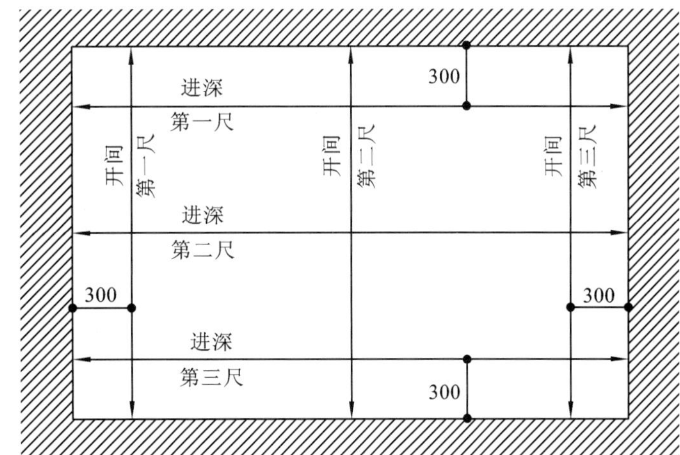

图 2-15　房间开间与进深测量示意图

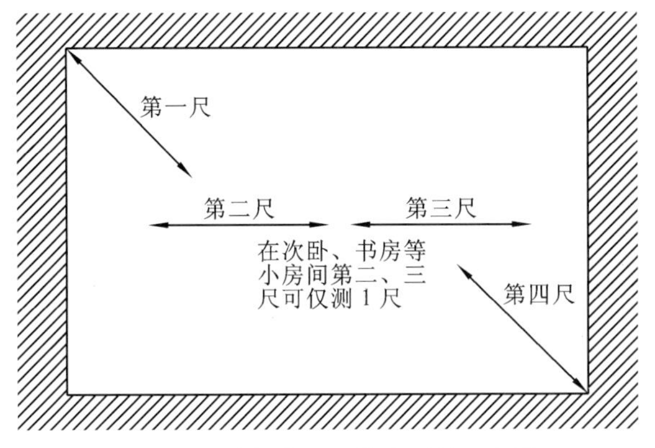

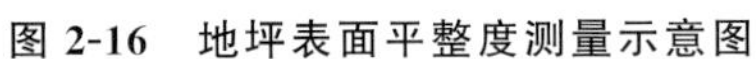

图 2-16　地坪表面平整度测量示意图

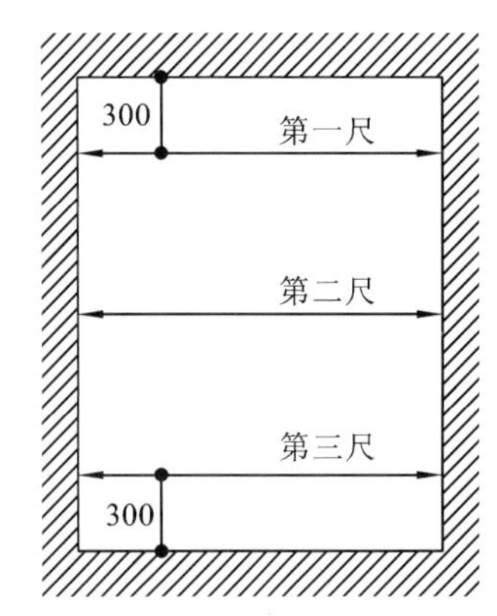

图 2-17　房间方正测量示意图

7) 房间净高

完成地面找平层施工的房间净高合格标准:[−20,20]mm。

测量工具:激光测距仪。

测量方法:房间净高测量示意图如图 2-18 所示,用激光测距仪在图示的 5 个点测量,所测房间净高与设计净高相比较,若偏差在[−20,20]mm 之内,则所测的点为合格。当房间内所测测量点的最大偏差绝对值大于 30 mm 时,房间内 5 个测量点都视为不合格。(注:一个测量点算一个统计成绩的计算点。)

8) 空鼓

抹灰墙面空鼓合格标准:声音密实,无空鼓响声。

测量工具:笔式伸缩空鼓锤。

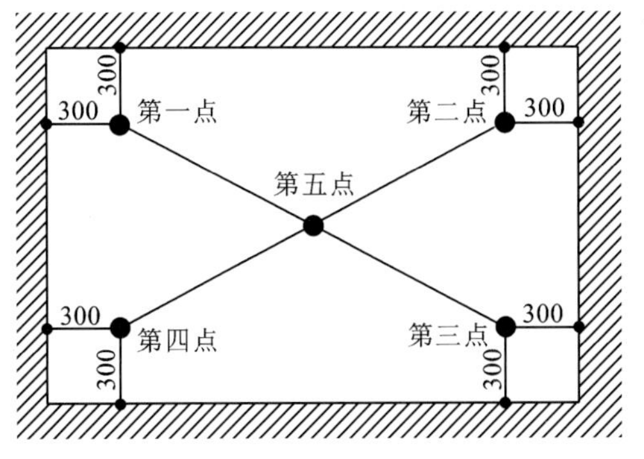

图 2-18　房间净高测量示意图

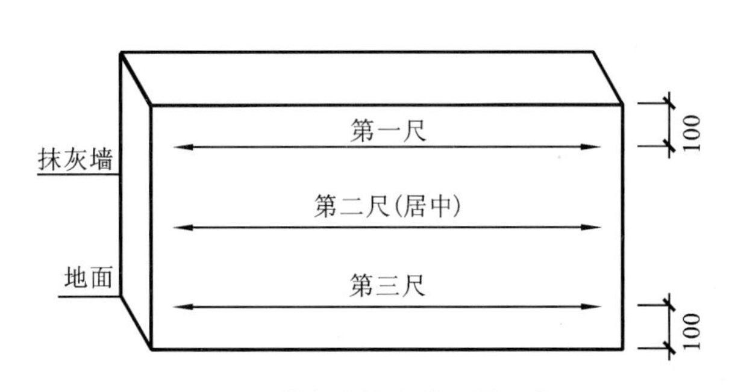

图 2-19　抹灰墙体空鼓测量示意图

测量方法：用空鼓锤在抹灰墙上划行，根据空鼓锤在抹灰墙面划行时产生的声音判断有无空鼓。若划行过程中摩擦声不变，则无空鼓。若划行过程中摩擦声伴随空洞的声音，则所检测的区域视为空鼓。如图 2-19 所示，一面抹灰墙上划行 3 次，若 3 次中发现空鼓现象，则此面墙体视为不合格。（注：一面抹灰墙体算一个统计成绩的计算点。）

（二）装饰抹灰工程

装饰抹灰工程主要包括水刷石、斩假石、干粘石、假面砖等材料抹灰工程。

1. 主控项目

(1) 抹灰前基层表面的尘土、污垢、油渍等应清除干净，并应洒水润湿。

检验方法：检查施工记录。

(2) 装饰抹灰工程所用材料的品种和性能应符合设计要求。水泥的凝结时间和安定性复验应合格。砂浆的配合比应符合设计要求。

检验方法：检查产品合格证书、进场验收记录、复验报告和施工记录。

(3) 抹灰工程应分层进行。当抹灰总厚度大于或等于 35 mm 时，应采取加强措施。不同材料基体交接处表面的抹灰，应采取防止开裂的加强措施，当采用加强网时，加强网与各基体的搭接宽度不应小于 100 mm。

检验方法：检查隐蔽工程验收记录和施工记录。

(4) 各抹灰层之间及抹灰层与基体之间必须粘结牢固，抹灰层应无脱层、空鼓和裂缝。

检验方法：观察；用小锤轻击检查；检查施工记录。

2. 一般项目

(1) 水刷石表面应石粒清晰、分布均匀、紧密平整、色泽一致，应无掉粒和接槎痕迹。

(2) 斩假石表面应剁纹均匀顺直、深浅一致，无漏剁处，阳角处应横剁并留出宽窄一致的不剁边条，棱角应无损坏。

(3) 干粘石表面应色泽一致、不露浆、不漏粘，石粒应粘结牢固、分布均匀，阳角处应无明显黑边。

(4) 假面砖表面应平整、沟纹清晰、留缝整齐、色泽一致，应无掉角、脱皮、起砂等缺陷。

检查方法：观察；手摸检查。

(5) 装饰抹灰分格条(缝)的设置应符合设计要求，宽度和深度应均匀，表面应平整光滑，棱角应整齐。

检查方法：观察。

(6) 有排水要求的部位应做滴水线(槽)。滴水线(槽)应整齐顺直，滴水线应内高外低，滴水槽的宽度和深度均不应小于 10 mm。

检验方法：观察；尺量检查。

(7) 装饰抹灰工程质量的允许偏差和检验方法应符合表 2-18 的规定。

表 2-18 装饰抹灰工程质量的允许偏差和检验方法

项次	项目	允许偏差/mm				检验方法
		水刷石	斩假石	干粘石	假面砖	
1	立面垂直度	5	4	5	5	用 2 m 垂直检测尺检查
2	表面平整度	3	3	5	4	用 2 m 靠尺和塞尺检查
3	阳角方正	3	3	4	4	用直角检测尺检查
4	分格条(缝)直线度	3	3	3	3	拉 5 m 线，不足 5 m 拉通线，用钢直尺检查
5	墙裙、勒角上口直线度	3	3	—	—	拉 5 m 线，不足 5 m 拉通线，用钢直尺检查

(8) 将测量数据填写在装饰抹灰工程检验批质量验收记录表中，相关人员签字后找监理工程师签认。

（三）清水砌体工程

清水砌体工程主要为清水砌体勾缝和原浆勾缝工程。

1. 主控项目

(1) 清水砌体勾缝所用水泥的凝结时间和安定性复验应合格。砂浆的配合比应符合设计要求。

检验方法:检查复验报告和施工记录。

(2) 清水砌体勾缝应无漏勾。勾缝材料应粘结牢固,无开裂。

检验方法:观察。

2. 一般项目

(1) 清水砌体勾缝应横平竖直,交接处应平顺,宽度和深度应均匀,表面应压实抹平。

检验方法:观察;尺量检查。

(2) 灰缝应颜色一致,砌体表面应洁净。

检验方法:观察。

二、吊顶工程 TWO

吊顶工程包括暗龙骨吊顶、明龙骨吊顶等分项工程。

吊顶工程验收时应检查下列文件和记录:吊顶工程的施工图、设计说明及其他设计文件,材料的产品合格证书、性能检测报告、进场验收记录和复验报告,隐蔽工程验收记录和施工记录。

各分项工程的检验批应按下列规定划分:同一品种的吊顶工程每 50 间(大面积房间和走廊按吊顶面积 30 m^2 为一间)应划分为一个检验批,不足 50 间也应划分为一个检验批。

检查数量和内容详述如下。

(1) 每个检验批应至少抽查 10%,并且不得少于 3 间,不足 3 间时应全数检查。

(2) 安装龙骨前,应按设计要求对房间净高、洞口标高和吊顶内管道、设备及其他支架的标高进行交接检验。

(3) 吊顶工程的木吊杆、木龙骨和木饰面板必须进行防火处理,并应符合有关设计防火规范的规定。

(4) 吊顶工程中的预埋件、钢筋吊杆和型钢吊杆应进行防锈处理。

(5) 安装饰面板前应完成吊顶内管道和设备的调试及验收。

(6) 吊杆距主龙骨端部距离不得大于 300 mm,当大于 300 mm 时,应增加吊杆。当吊杆长度大于 1.5 m 时,应设置反支撑。当吊杆与设备相遇时,应调整并增设吊杆。

(7) 重型灯具、电扇及其他重型设备严禁安装在吊顶工程的龙骨上。

（一）暗龙骨吊顶工程

暗龙骨吊顶工程通常以轻钢龙骨、铝合金龙骨、木龙骨等为骨架,以石膏板、金属板、矿棉板、木板、塑料板或格栅等为饰面材料。

1. 主控项目

(1) 饰面标高、尺寸、起拱和造型应符合设计要求。

检验方法:观察;尺量检查。

(2) 饰面材料的材质、品种、规格、图案和颜色应符合设计要求。

检验方法:观察;检查产品合格证书、性能检测报告、进场验收记录和复验报告。

(3) 暗龙骨吊顶工程的吊杆、龙骨和饰面材料的安装必须牢固。

检验方法:观察;手扳检查;检查隐蔽工程验收记录和施工记录。

(4) 吊杆、龙骨的材质、规格、安装间距及连接方式应符合设计要求。金属吊杆、金属龙骨应进行表面防腐处理,木吊杆、木龙骨应进行防腐、防火处理。

检验方法:观察;尺量检查;检查产品合格证书、性能检测报告、进场验收记录和隐蔽工程验收记录。

(5) 石膏板的接缝应按施工工艺标准进行板缝防裂处理。安装双层石膏板时,面层板与基层板的接缝应错开,并且不得在同一根龙骨上接缝。

检验方法:观察。

2. 一般项目

(1) 饰面材料表面应洁净、色泽一致,不得有翘曲、裂缝及缺损。压条应平直、宽窄一致。

检验方法:观察和尺量检查。

(2) 饰面板上的灯具、烟感器、喷淋头、风口箅子等设备的位置应合理、美观,与饰面板的交接应吻合、严密。

检验方法:观察。

(3) 金属吊杆、龙骨的接缝应均匀一致,角缝应吻合,表面应平整,无翘曲、锤印。木质吊杆、龙骨应顺直,无劈裂、变形。

检验方法:检查隐蔽工程验收记录和施工记录。

(4) 吊顶内填充吸声材料的品种和铺设厚度应符合设计要求,并应有防散落措施。

检验方法:检查隐蔽工程验收记录和施工记录。

(5) 暗龙骨吊顶工程质量的允许偏差和检验方法应符合表 2-19 的规定。

表 2-19 暗龙骨吊顶工程质量的允许偏差和检验方法

项次	项目	允许偏差/mm				检验方法
		纸面石膏板	金属板	矿棉板	木板、塑料板、格栅	
1	表面平整度	3	2	2	2	用 2 m 靠尺和塞尺检查
2	接缝直线度	3	1.5	3	3	拉 5 m 线,不足 5 m 拉通线,用钢直尺检查
3	接缝高低差	1	1	1.5	1	用钢直尺和塞尺检查

(6) 将测量数据填写在暗龙骨吊顶工程检验批质量验收记录表中,相关人员签字后找监理工程师签认。

(二) 明龙骨吊顶工程

明龙骨吊顶工程通常以轻钢龙骨、铝合金龙骨、木龙骨等为骨架,以石膏板、金属板、矿棉板、塑料板、玻璃板或格栅等为饰面材料。

1. 主控项目

(1) 吊顶标高、尺寸、起拱和造型应符合设计要求。

检验方法:观察;尺量检查。

(2) 饰面材料的材质、品种、规格、图案和颜色应符合设计要求。当饰面材料为玻璃板时,应使用安全玻璃或采取可靠的安全措施。

检验方法:观察;检查产品合格证书、性能检测报告和进场验收记录。

(3) 饰面材料的安装应稳固严密。饰面材料与龙骨的搭接宽度应大于龙骨受力面宽度的 2/3。

检验方法:观察;手扳检查;尺量检查。

(4) 金属吊杆、金属龙骨应进行表面防腐处理;木龙骨应进行防腐、防火处理。

检验方法:观察;尺量检查;检查产品合格证书、进场验收记录和隐蔽工程验收记录。

(5) 明龙骨吊顶工程的吊杆和龙骨安装必须牢固。

检验方法:手扳检查;检查隐蔽工程验收记录和施工记录。

2. 一般项目

(1) 饰面材料表面应洁净、色泽一致,不得有翘曲、裂缝及缺损。饰面板与明龙骨的搭接应平整、吻合,压条应平直、宽窄一致。

检验方法:观察;尺量检查。

(2) 饰面板上的灯具、烟感器、喷淋头、风口箅子等设备的位置应合理、美观,与饰面板的交接应吻合、严密。

检验方法:观察。

(3) 金属龙骨的接缝应平整、吻合、颜色一致,不得有划伤、擦伤等表面缺陷。木质龙骨应平整、顺直,无劈裂。

检验方法:观察。

(4) 吊顶内填充吸声材料的品种和铺设厚度应符合设计要求,并应有防散落措施。

检验方法:检查隐蔽工程验收记录和施工记录。

(5) 明龙骨吊顶工程质量的允许偏差和检验方法应符合表 2-20 的规定。

表 2-20 明龙骨吊顶工程质量的允许偏差和检验方法

项次	项目	允许偏差/mm				检验方法
		石膏板	金属板	矿棉板	塑料板、玻璃板	
1	表面平整度	3	2	3	2	用 2 m 靠尺和塞尺检查
2	接缝直线度	3	2	3	3	拉 5 m 线,不足 5 m 拉通线,用钢直尺检查
3	接缝高低差	1	1	2	1	用钢直尺和塞尺检查

(6) 将测量数据填写在明龙骨吊顶工程检验批质量验收记录表中,相关人员签字后找监理工程师签认。

三、轻质隔墙工程 THREE

轻质隔墙工程包括板材隔墙、骨架隔墙、活动隔墙、玻璃隔墙等分项工程。

轻质隔墙工程验收时应检查下列文件和记录。

(1) 轻质隔墙工程的施工图、设计说明及其他设计文件。

(2) 材料的产品合格证书、性能检测报告、进场验收记录和复验报告。

(3) 隐蔽工程验收记录。

(4) 施工记录。

轻质隔墙工程应对人造木板的甲醛含量进行复验。

轻质隔墙工程应对下列隐蔽工程项目进行验收:骨架隔墙中设备管线的安装及水管试压,木龙骨防火、防腐处理,预埋件或拉结筋,龙骨安装,填充材料的设置。

各分项工程的检验批应按下列规定划分:同一品种的轻质隔墙工程每 50 间(大面积房间和走廊按轻质隔墙面积 30 m^2 为一间)应划分为一个检验批,不足 50 间也应划分为一个检验批。

轻质隔墙与顶棚和其他墙体的交接处应采取防开裂措施。

民用建筑轻质隔墙工程的隔声性能应符合现行国家标准《民用建筑隔声设计规范》(GB 50118—2010)的规定。

(一) 板材隔墙工程

板材隔墙工程指复合轻质墙板、石膏空心板、预制或现制的钢丝网水泥板等板材隔墙工程。板材隔墙工程的检查数量应符合下列规定:每个检验批应至少抽查 10%,并且不得少于 3 间;不足 3 间时应全数检查。

1. 主控项目

(1) 隔墙板材的品种、规格、性能、颜色应符合设计要求。有隔声、隔热、阻燃、防潮等特殊要求的工程，板材应有相应性能等级的检测报告。

检验方法：观察；检查产品合格证书、进场验收记录和性能检测报告。

(2) 安装隔墙板材所需预埋件、连接件的位置、数量及连接方法应符合设计要求。

检验方法：观察；尺量检查；检查隐蔽工程验收记录。

(3) 隔墙板材安装必须牢固。现制钢丝网水泥板隔墙与周边墙体的连接方法应符合设计要求，并应连接牢固。

检验方法：观察；手扳检查。

(4) 隔墙板材所用接缝材料的品种及接缝方法应符合设计要求。

检验方法：观察；检查产品合格证书和施工记录。

2. 一般项目

(1) 隔墙板材安装应垂直、平整、位置正确，板材不应有裂缝或缺损。

检验方法：观察；尺量检查。

(2) 板材隔墙表面应平整光滑、色泽一致、洁净，接缝应均匀、顺直。

检验方法：观察；手摸检查。

(3) 隔墙上的孔洞、槽、盒应位置正确、套割方正、边缘整齐。

检验方法：观察。

(4) 板材隔墙安装的允许偏差和检验方法应符合表 2-21 的规定。

表 2-21 板材隔墙安装的允许偏差和检验方法

项次	项目	允许偏差/mm				检验方法
		复合轻质墙板		石膏空心板	钢丝网水泥板	
		金属夹心板	其他复合板			
1	立面垂直度	2	3	3	3	用 2 m 垂直检测尺检查
2	表面平整度	2	3	3	3	用 2 m 靠尺和塞尺检查
3	阴阳角方正	3	3	3	4	用直角检测尺检查
4	接缝高低差	1	2	2	3	用钢直尺和塞尺检查

(5) 将测量数据填写在板材隔墙安装检验批质量验收记录表中，相关人员签字后找监理工程师签认。

(二) 骨架隔墙工程

骨架隔墙工程主要指以轻钢龙骨、木龙骨等为骨架，以纸面石膏板、人造木板、水泥纤维板等为墙面板的隔墙工程。骨架隔墙是指在隔墙龙骨两侧安装墙面板以形成墙体的轻质隔墙。这一类隔墙主要是由龙骨作为受力骨架固定于建筑主体结构上。目前大量应用的轻钢龙骨石膏板隔墙就是典型的骨架隔墙。龙骨骨架中根据隔声或保温设计要求可以设置填充材料，根据设备安装要求可以安装设备管线等。龙骨常见的有轻钢龙骨系列、其他金属龙骨以及木龙骨。墙面板常见的有纸面石膏板、人造木板、防火板、金属板、水泥纤维板以及塑料板等。

骨架隔墙工程的检查数量应符合下列规定：每个检验批应至少抽查 10%，并且不得少于 3 间；不足 3 间时应全数检查。

1. 主控项目

(1) 骨架隔墙所用龙骨、配件、墙面板、填充材料及嵌缝材料的品种、规格、性能和木材的含水率应符合设计要求。有隔声、隔热、阻燃、防潮等特殊要求的工程，材料应有相应性能等级的检测报告。

检验方法：观察；检查产品合格证书、进场验收记录、性能检测报告和复验报告。

(2) 骨架隔墙工程边框龙骨必须与基体结构连接牢固，并应平整、垂直、位置正确。

检验方法：手扳检查；尺量检查；检查隐蔽工程验收记录。

(3) 龙骨体系沿地面、顶棚设置的龙骨及边框龙骨，是隔墙与主体结构之间重要的传力构件，这些龙骨必须与基体结构连接牢固，并且应垂直和平整，交接处应平直，位置应准确。由于这是骨架隔墙施工质量的关键部位，故应作为隐蔽工程项目加以验收。

(4) 骨架隔墙中龙骨间距和构造连接方法应符合设计要求。骨架内设备管线的安装、门窗洞口等部位加强龙骨的安装应牢固、位置正确。填充材料的设置应符合设计要求。

检验方法：检查隐蔽工程验收记录。

(5) 木龙骨及木墙面板的防火和防腐处理必须符合设计要求。

检验方法：检查隐蔽工程验收记录。

(6) 骨架隔墙的墙面板应安装牢固，无脱层、翘曲、折裂及缺损。

检验方法：观察；手扳检查。

(7) 墙面板所用接缝材料的接缝方法应符合设计要求。

检验方法：观察。

2. 一般项目

(1) 骨架隔墙表面应平整光滑、色泽一致、洁净、无裂缝，接缝应均匀、顺直。

检验方法：观察；手摸检查。

(2) 骨架隔墙上的孔洞、槽、盒应位置正确、套割吻合、边缘整齐。

检验方法：观察。

(3) 骨架隔墙内的填充材料应干燥，填充应密实、均匀、无下坠。

检验方法：轻敲检查；检查隐蔽工程验收记录。

(4) 骨架隔墙安装的允许偏差和检验方法应符合表 2-22 的规定。

表 2-22 骨架隔墙安装的允许偏差和检验方法

项次	项目	允许偏差/mm		检验方法
		纸面石膏板	人造木板、水泥纤维板	
1	立面垂直度	3	4	用 2 m 垂直检测尺检查
2	表面平整度	3	3	用 2 m 靠尺和塞尺检查
3	阴阳角方正	3	3	用直角检测尺检查
4	接缝直线度	—	3	拉 5 m 线，不足 5 m 拉通线，用钢直尺检查
5	压条直线度	—	3	拉 5 m 线，不足 5 m 拉通线，用钢直尺检查
6	接缝高低差	1	1	用钢直尺和塞尺检查

(三) 活动隔墙工程

活动隔墙是指推拉式活动隔墙、可拆装的活动隔墙等。这一类隔墙大多使用成品板材及金属框架、附件在现场组装而成，金属框架及饰面板一般不需再做饰面层，也有一些活动隔墙不需要金属框架，完全是使用半成品板材在现场加工制作成活动隔墙。活动隔墙工程的检查数量应符合下列规定：每个检验批应至少抽查 20%，并且不得少于 6 间；不足 6 间时应全数检查。活动隔墙在大空间多功能厅室中经常使用，由于这类内隔墙是重复及动态使用，必须保证使用的安全性和灵活性。因此，每个检验批抽查的比例有所增加。

1. 主控项目

(1) 活动隔墙所用墙板、配件等材料的品种、规格、性能和木材的含水率应符合设计要求。有阻燃、防潮等特殊要求的工程，材料应有相应性能等级的检测报告。

检验方法：观察；检查产品合格证书、进场验收记录、性能检测报告和复验报告。

(2) 活动隔墙轨道必须与基体结构连接牢固，并应位置正确。

检验方法：尺量检查；手扳检查。

(3) 活动隔墙用于组装、推拉和制动的构配件必须安装牢固、位置正确，推拉必须安全、平稳、灵活。

检验方法：尺量检查；手扳检查；推拉检查。

(4) 活动隔墙安装方法、组合方式应符合设计要求。

检验方法：观察。

2. 一般项目

(1) 活动隔墙表面应色泽一致、平整光滑、洁净，线条应顺直、清晰。

检验方法：观察；手摸检查。

(2) 活动隔墙上的孔洞、槽、盒应位置正确、套割吻合、边缘整齐。

检验方法：观察；尺量检查。

(3) 活动隔墙推拉应无噪声。

检验方法：推拉检查。

(4) 活动隔墙安装的允许偏差和检验方法应符合表 2-23 的规定。

表 2-23 活动隔墙安装的允许偏差和检验方法

项次	项目	允许偏差/mm	检验方法
1	立面垂直度	3	用 2 m 垂直检测尺检查
2	表面平整度	2	用 2 m 靠尺和塞尺检查
3	接缝直线度	3	拉 5 m 线，不足 5 m 拉通线，用钢直尺检查
4	接缝高低差	2	用钢直尺和塞尺检查
5	接缝宽度	2	用钢直尺检查

(四) 玻璃隔墙工程

玻璃隔墙工程包括玻璃砖、玻璃板隔墙工程。近年来，装饰装修工程中用钢化玻璃作内隔墙、用玻璃砖砌筑内隔墙日益增多。玻璃隔墙工程的检查数量应符合下列规定：每个检验批应至少抽查 20%，并且不得少于 6 间；不足 6 间时应全数检查。

玻璃隔墙或玻璃砖砌筑隔墙在轻质隔墙中用量一般不是很大，但是有些玻璃隔墙的单块玻璃面积比较大，其安全性就很突出，因此，要对涉及安全性的部位和节点进行检查，而且每个检验批抽查的比例也应有所提高。

1. 主控项目

(1) 玻璃隔墙工程所用材料的品种、规格、性能、图案和颜色应符合设计要求。玻璃板隔墙应使用安全玻璃。

检验方法：观察；检查产品合格证书、进场验收记录和性能检测报告。

(2) 玻璃砖隔墙的砌筑和玻璃板隔墙的安装方法应符合设计要求。

检验方法：观察。

(3) 玻璃砖隔墙砌筑中埋设的拉结筋必须与基体结构连接牢固，并应位置正确。

检验方法：手扳检查；尺量检查；检查隐蔽工程验收记录。

(4) 玻璃砖隔墙砌筑中应埋设拉结筋,拉结筋要与建筑主体结构或受力杆件有可靠的连接;玻璃板隔墙的受力边也要与建筑主体结构或受力杆件有可靠的连接,以充分保证其整体稳定性,保证墙体的安全。

(5) 玻璃板隔墙的安装必须牢固。玻璃隔墙橡胶垫的安装应位置正确。

检验方法:观察;手推检查;检查施工记录。

2. 一般项目

玻璃隔墙表面应色泽一致、平整洁净、清晰美观;玻璃隔墙接缝应横平竖直,玻璃应无裂痕、缺损和划痕;玻璃板隔墙嵌缝及玻璃砖隔墙勾缝应密实平整、均匀顺直、深浅一致。

检验方法:观察。

玻璃隔墙安装的允许偏差和检验方法应符合表 2-24 的规定。

表 2-24 玻璃隔墙安装的允许偏差和检验方法

项次	项目	允许偏差/mm		检验方法
		玻璃砖	玻璃板	
1	立面垂直度	3	2	用 2 m 垂直检测尺检查
2	表面平整度	3	—	用 2 m 靠尺和塞尺检查
3	阴阳角方正	—	2	用直角检测尺检查
4	接缝直线度	—	2	拉 5 m 线,不足 5 m 拉通线,用钢直尺检查
5	接缝高低差	3	2	用钢直尺和塞尺检查
6	接缝宽度	—	1	用钢直尺检查

四、饰面板(砖)工程 FOUR

饰面板(砖)工程包括饰面板安装、饰面砖粘贴等分项工程。

饰面板工程采用的石板有花岗石、大理石、青石板和人造石材;采用的瓷板有抛光板和磨边板两种,单块面积不大于 1.2 m^2 且不小于 0.5 m^2;金属饰面板有钢板、铝板等品种;木材饰面板主要用于内墙裙。陶瓷饰面砖主要包括釉面瓷砖、外墙饰面砖、陶瓷锦砖、陶瓷壁画、劈裂砖等;玻璃饰面砖主要包括玻璃锦砖、彩色玻璃饰面砖、釉面玻璃饰面砖等。饰面板(砖)工程验收时应检查下列文件和记录。

(1) 饰面板(砖)工程的施工图、设计说明及其他设计文件。

(2) 材料的产品合格证书、性能检测报告、进场验收记录和复验报告。

(3) 后置埋件的现场拉拔检测报告。

(4) 外墙饰面砖样板件的粘结强度检测报告。

(5) 隐蔽工程验收记录。

(6) 施工记录。

饰面板(砖)工程需要对下列材料及其性能指标进行复验:室内用花岗石的放射性,粘贴用水泥的凝结时间、安定性和抗压强度,外墙陶瓷饰面砖的吸水率,寒冷地区外墙陶瓷饰面砖的抗冻性。

饰面板(砖)工程需要进行验收的隐蔽工程项目有预埋件(或后置埋件)、连接节点、防水层。

各分项工程的检验批应按下列规定划分:相同材料、工艺和施工条件的室内饰面板(砖)工程每 50 间(大面积房间和走廊按施工面积 30 m^2 为一间)应划分为一个检验批,不足 50 间也应划分为一个检验批。相同材料、工艺和施工条件的室外饰面板(砖)工程每 1000 m^2 应划分为一个检验批,不足 1000 m^2 也应划分为一个检验批。

检查数量应符合下列规定:室内每个检验批应至少抽查10%,并且不得少于3间;不足3间时应全数检查。室外每个检验批每100 m^2 应至少抽查一处,每处不得小于10 m^2。

饰面板(砖)工程的抗震缝、伸缩缝、沉降缝等部位的处理应保证缝的使用功能和饰面的完整性。

饰面板安装工程主要指内墙饰面板安装工程和高度不大于24 m、抗震设防烈度不大于7度的外墙饰面板安装工程。

1. 主控项目

(1) 饰面板的品种、规格、颜色和性能应符合设计要求,木龙骨、木饰面板和塑料饰面板的燃烧性能等级应符合设计要求。

检验方法:观察;检查产品合格证书、进场验收记录和性能检测报告。

(2) 饰面板孔、槽的数量、位置和尺寸应符合设计要求。

检验方法:检查进场验收记录和施工记录。

(3) 饰面板安装工程的预埋件(或后置埋件)、连接件的数量、规格、位置、连接方法和防腐处理必须符合设计要求。后置埋件的现场拉拔强度必须符合设计要求。饰面板安装必须牢固。

检验方法:手扳检查;检查进场验收记录、现场拉拔检测报告、隐蔽工程验收记录和施工记录。

2. 一般项目

(1) 饰面板表面应平整、洁净、色泽一致,无裂痕和缺损。石板表面应无泛碱等污染。

检验方法:观察。

(2) 饰面板填缝应密实、平直,宽度和深度应符合设计要求,填缝材料色泽应一致。

检验方法:观察;尺量检查。

(3) 采用传统的湿作业法安装天然石板时,由于水泥砂浆在水化时析出大量的氢氧化钙,泛到石板表面,产生不规则的花斑(俗称泛碱现象),严重影响建筑物室内外石板饰面板的装饰效果,因此,在天然石板安装前,应对石板采用防碱背涂剂进行背涂处理。石板与基体之间的灌注材料应饱满、密实。

检验方法:用小锤轻击检查;检查施工记录。

(4) 饰面板上的孔洞应套割吻合,边缘应整齐。

检验方法:观察。

饰面板安装的允许偏差和检验方法应符合表2-25的规定。

表2-25 饰面板安装的允许偏差和检验方法

项次	项目	允许偏差/mm							检验方法
		石板			陶瓷板	木板	塑料板	金属板	
		光面	剁斧石	蘑菇石					
1	立面垂直度	2	3	3	2	2	2	2	用2 m垂直检测尺检查
2	表面平整度	2	3	—	2	1	3	3	用2 m靠尺和塞尺检查
3	阴阳角方正	2	4	4	2	2	3	3	用直角检测尺检查
4	接缝直线度	2	4	4	2	2	2	2	拉5 m线,不足5 m拉通线,用钢直尺检查
5	墙裙、勒脚上口直线度	2	3	3	2	2	2	2	拉5 m线,不足5 m拉通线,用钢直尺检查
6	接缝高低差	1	3	—	1	1	1	1	用钢直尺和塞尺检查
7	接缝宽度	1	2	2	1	1	1	1	用钢直尺检查

五、涂饰工程 FIVE

涂饰工程指水性涂料涂饰、溶剂型涂料涂饰、美术涂饰等分项工程。涂饰工程验收时应检查下列文件和记录:涂饰工程的施工图、设计说明及其他设计文件;材料的产品合格证书、性能检测报告和进场验收记录;施工记录。

(1) 涂饰工程所选用的装饰涂料,其各项性能指标应符合下述产品标准的规定:《合成树脂乳液砂壁状建筑涂料》(JG/T 24)、《合成树脂乳液外墙涂料》(GB/T 9755)、《合成树脂乳液内墙涂料》(GB/T 9756)、《溶剂型外墙涂料》(GB/T 9757)、《复层建筑涂料》(GB/T 9779)、《外墙无机建筑涂料》(JG/T 26)、《饰面型防火涂料》(GB 12441)、《水溶性内墙涂料》(JC/T 423)等。

(2) 各分项工程的检验批应按下列规定划分。

① 室外涂饰工程每一栋楼的同类涂料涂饰的墙面每 1000 m^2 应划分为一个检验批,不足 1000 m^2 也应划分为一个检验批。

② 室内涂饰工程同类涂料涂饰墙面每 50 间(大面积房间和走廊按涂饰面积 30 m^2 为一间)应划分为一个检验批,不足 50 间也应划分为一个检验批。

(3) 检查数量应符合下列规定:室外涂饰工程每 100 m^2 应至少检查一处,每处不得小于 10 m^2。室内涂饰工程每个检验批应至少抽查 10%,并且不得少于 3 间;不足 3 间时应全数检查。

(4) 涂饰工程的基层处理应符合下列要求。

① 新建筑物的混凝土或抹灰基层在涂饰涂料前应涂刷抗碱封闭底漆。

② 旧墙面在涂饰涂料前应清除疏松的旧装修层,并涂刷界面剂。

③ 混凝土或抹灰基层涂刷溶剂型涂料时,含水率不得大于 8%;涂刷乳液型涂料时,含水率不得大于 10%。木材基层的含水率不得大于 12%。

④ 基层腻子应平整、坚实、牢固,无粉化、起皮和裂缝;内墙腻子的粘结强度应符合《建筑室内用腻子》(JG/T 298)的规定。

⑤ 厨房、卫生间墙面的找平层必须使用耐水腻子。

(一) 水性涂料涂饰工程

水性涂料涂饰工程指乳液型涂料、无机涂料、水溶性涂料等水性涂料涂饰工程。水性涂料涂饰工程施工的环境温度应为 5～35 ℃。涂饰工程应在涂层养护期满后进行质量验收。

1. 主控项目

(1) 水性涂料涂饰工程所用涂料的品种、型号和性能应符合设计要求。

检验方法:检查产品合格证书、性能检测报告和进场验收记录。

(2) 水性涂料涂饰工程的颜色、图案应符合设计要求。

检验方法:观察。

(3) 水性涂料涂饰工程应涂饰均匀、粘结牢固,不得漏涂、透底、起皮和掉粉。

检验方法:观察;手摸检查。

(4) 水性涂料涂饰工程的基层处理应符合上述相关要求。

检验方法:观察;手摸检查;检查施工记录。

2. 一般项目

涂层与其他装修材料和设备衔接处应吻合,界面应清晰。

检验方法:观察。

薄涂料的涂饰质量和检验方法应符合表 2-26 的规定,厚涂料的涂饰质量和检验方法应符合表 2-27 的规定，复层涂料的涂饰质量和检验方法应符合表 2-28 的规定。

表 2-26　薄涂料的涂饰质量和检验方法

项次	项　目	普通涂饰	高级涂饰	检验方法
1	颜色	均匀一致	均匀一致	观察
2	泛碱、咬色	允许少量轻微	不允许	
3	砂眼、刷纹	允许少量轻微砂眼，刷纹通顺	无砂眼，无刷纹	
4	光泽、光滑	光泽基本均匀，光滑无挡手感	光泽均匀一致，光滑	
5	流坠、疙瘩	允许少量轻微	不允许	

注：检查过程中，除了按表中要求进行检查之外，还要注意检查涂料对门、窗是否产生污染，严格地说，门、窗上不允许有涂料涂饰的痕迹，必须非常干净。

表 2-27　厚涂料的涂饰质量和检验方法

项　次	项　目	普通涂饰	高级涂饰	检验方法
1	颜色	均匀一致	均匀一致	观察
2	泛碱、咬色	允许少量轻微	不允许	观察
3	点状分布	—	疏密均匀	观察
4	光泽	光泽基本均匀	光泽均匀一致	观察

注：如同薄涂料涂饰质量检查要求一样，在检查厚涂料涂饰质量过程中，也应注意检查涂料不能对门、窗产生任何污染。

表 2-28　复层涂料的涂饰质量和检验方法

项　次	项　目	质量要求	检验方法
1	颜色	均匀一致	观察
2	泛碱、咬色	不允许	
3	喷点疏密程度	均匀，不允许连片	
4	光泽	光泽基本均匀	

（二）溶剂型涂料涂饰工程

溶剂型涂料涂饰工程指丙烯酸酯涂料、聚氨酯丙烯酸涂料、有机硅丙烯酸涂料等溶剂型涂料涂饰工程。

1. 主控项目

(1) 溶剂型涂料涂饰工程所选用涂料的品种、型号和性能应符合设计要求。

检验方法：检查产品合格证书、性能检测报告和进场验收记录。

(2) 溶剂型涂料涂饰工程的颜色、光泽、图案应符合设计要求。

检验方法：观察。

(3) 溶剂型涂料涂饰工程应涂饰均匀、粘结牢固，不得漏涂、透底、起皮和反锈。

检验方法：观察；手摸检查。

(4) 溶剂型涂料涂饰工程的基层处理应符合前文所述相关要求。

检验方法：观察；手摸检查；检查施工记录。

2. 一般项目

通过观察方法检查涂层与其他装修材料和设备衔接处是否吻合，界面是否清晰。色漆的涂饰质量和检验方法应符合表 2-29 的规定，清漆的涂饰质量和检验方法应符合表 2-30 的规定。

表 2-29 色漆的涂饰质量和检验方法

项次	项 目	普通涂饰	高级涂饰	检验方法
1	颜色	均匀一致	均匀一致	观察
2	光泽、光滑	光泽基本均匀,光滑无挡手感	光泽均匀一致,光滑	观察、手摸检查
3	刷纹	刷纹通顺	无刷纹	观察
4	裹棱、流坠、皱皮	明显处不允许	不允许	观察

表 2-30 清漆的涂饰质量和检验方法

项次	项 目	普通涂饰	高级涂饰	检验方法
1	颜色	基本一致	均匀一致	观察
2	木纹	棕眼刮平,木纹清楚	棕眼刮平,木纹清楚	观察
3	光泽、光滑	光泽基本均匀,光滑无挡手感	光泽均匀一致,光滑	观察、手摸检查
4	刷纹	无刷纹	无刷纹	观察
5	裹棱、流坠、皱皮	明显处不允许	不允许	观察

(三)美术涂饰工程

美术涂饰工程指套色涂饰、滚花涂饰、仿花纹涂饰等室内外涂饰工程。

1. 主控项目

(1) 美术涂饰工程所用材料的品种、型号和性能应符合设计要求。

检验方法:观察;检查产品合格证书、性能检测报告和进场验收记录。

(2) 美术涂饰工程应涂饰均匀、粘结牢固,不得漏涂、透底、起皮、掉粉和反锈。

检验方法:观察;手摸检查。

(3) 美术涂饰工程的基层处理应符合前文所述相关要求。

检验方法:观察;手摸检查;检查施工记录。

(4) 美术涂饰工程的套色、花纹和图案应符合设计要求。

检验方法:观察。

2. 一般项目

(1) 美术涂饰表面应洁净,不得有流坠现象。

检验方法:观察。

(2) 仿花纹涂饰的饰面应具有被模仿材料的纹理。

检验方法:观察。

(3) 套色涂饰的图案不得移位,纹理和轮廓应清晰。

检验方法:观察。

(四)卫生间防水涂膜工程

卫生间防水涂膜合格标准:成膜良好,无分层,平均厚度符合设计要求,最小厚度大于设计厚度的 80%。测量区如图 2-20 所示。

检验方法:涂膜施工阶段,同一实测区,在非附加层范围内,选择 1 个疑似厚度最薄部位,采用针测法或割取 20 mm×20 mm 实样,目测涂膜成膜与分层,用卡尺测量厚度。

保护层完工阶段,同一实测区,在非附加层范围内,随机选取一点(不同实测区选取不同位置,如地面、浴室墙面不同高度位置等),剥离防水保护层,采用针测法或割取 20 mm×20 mm 实样,目测防水涂膜成膜与分层,用卡尺测量厚度。如装饰面已完成,则通过闭水检验,不再实测此指标。

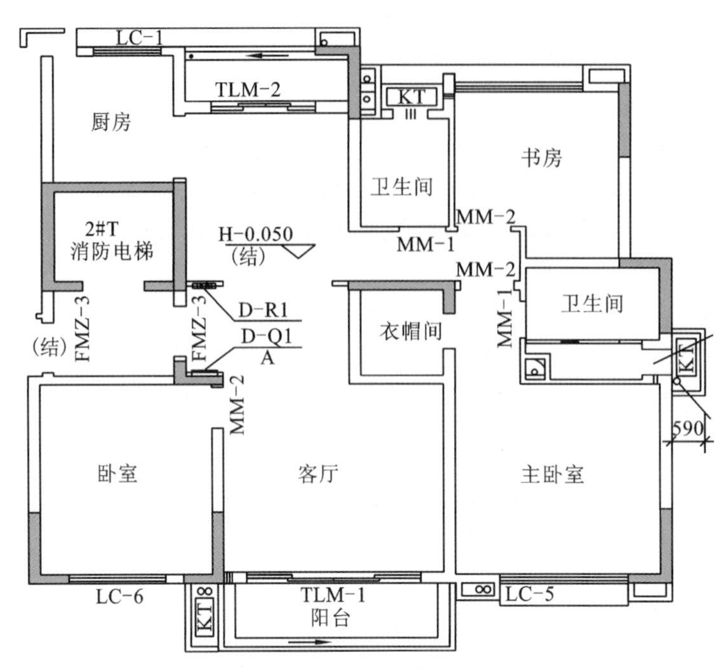

图 2-20　卫生间防水涂膜测量区示意图

卫生间防水附加层测量对象包括卫生间侧排口、落水口、管道周边、阴阳角、烟道反坎、管井反坎、门框等部位。合格标准如下。

(1) 设置部位:卫生间的侧排口、落水口、管道周边、阴阳角、烟道反坎、管井反坎、门框等部位需设防水附加层。防水附加层材料与防水层相同。

(2) 设置尺寸:防水附加层应从阴角开始上翻和水平延伸各不小于 250 mm。附加层四周上翻高度超过地面完成面 300 mm,超过门框向外延伸 200 mm。

(3) 涂膜厚度:附加层部位的切片厚度不小于非附加层部位设计厚度的 150%。

检验方法:涂膜施工阶段,分别在侧排口、落水口、管道周边、阴阳角、烟道反坎、管井反坎、门框 7 个防水附加层部位,在附加层范围内选择 1 个疑似厚度最薄部位,采用针测法或割取 20 mm×20 mm 实样,目测防水涂膜成膜与分层,用卡尺测量厚度,用卷尺测量附加层范围(长、宽、高)。

保护层完工阶段,在 7 个设置附加层的边缘部位,分别剥离防水涂料保护层,采用针测法或割取 20 mm×20 mm 实样,目测防水涂膜成膜与分层,用卡尺测量厚度,用卷尺测量附加层范围(长、宽、高)。如装饰面已完成,则通过闭水检验,不再实测此指标。

六、裱糊与软包工程　SIX

软包工程包括带内衬软包及不带内衬软包两种。裱糊与软包工程验收时应检查下列文件和记录。

(1) 裱糊与软包工程的施工图、设计说明及其他设计文件。

(2) 饰面材料的样板及确认文件。

(3) 材料的产品合格证书、性能检测报告、进场验收记录和复验报告。

(4) 施工记录。

各分项工程的检验批应按下列规定划分:同一品种的裱糊或软包工程每 50 间(大面积房间和走廊按施工面积 30 m^2 为一间)应划分为一个检验批,不足 50 间也应划分为一个检验批。

检查数量应符合下列规定:裱糊工程每个检验批应至少抽查 5 间,不足 5 间时应全数检查。软包工程每个检验批应至少抽查 10 间,不足 10 间时应全数检查。

裱糊前,基层处理应达到下列要求。

(1) 新建筑物的混凝土或抹灰基层墙面在刮腻子前应涂刷抗碱封闭底漆。

(2) 旧墙面在裱糊前应清除疏松的旧装修层,并涂刷界面剂。

(3) 混凝土或抹灰基层含水率不得大于 8%,木材基层的含水率不得大于 12%。

(4) 基层腻子应平整、坚实、牢固,无粉化、起皮和裂缝,腻子的粘结强度不得小于 0.3 MPa。

(5) 基层表面平整度、立面垂直度及阴阳角方正应达到规范关于高级抹灰的要求。

(6) 基层表面颜色应一致。

(7) 裱糊前应用封闭底胶涂刷基层。

(一) 裱糊工程

裱糊工程主要指聚氯乙烯塑料壁纸、复合纸质壁纸、墙布等裱糊工程。

1. 主控项目

(1) 壁纸、墙布的种类、规格、图案、颜色和燃烧性能等级必须符合设计要求及国家现行标准的有关规定。

检验方法:观察;检查产品合格证书、进场验收记录和性能检测报告。

(2) 裱糊工程基层处理质量应符合规范要求。

检验方法:观察;手摸检查;检查施工记录。

(3) 裱糊后各幅拼接应横平竖直,拼接处花纹、图案应吻合,应不离缝,不搭接,不显拼缝。

检验方法:距离墙面 1.5 m 处观察。

(4) 壁纸、墙布应粘贴牢固,不得有漏贴、补贴、脱层、空鼓和翘边。

检验方法:观察;手摸检查。

2. 一般项目

(1) 裱糊后的壁纸、墙布表面应平整,色泽应一致,不得有波纹起伏、气泡、裂缝、皱折及斑污,斜视时应无胶痕。

检验方法:观察;手摸检查。

裱糊时,胶液极易从拼缝中挤出,如不及时擦去,胶液干后壁纸表面会产生亮带,影响装饰效果。

(2) 复合压花壁纸的压痕及发泡壁纸的发泡层应无损坏。

检验方法:观察。

(3) 壁纸、墙布与各种装饰线、踢脚板、门窗框的交接处应吻合、严密、顺直。

检验方法:观察。

(4) 壁纸、墙布边缘应平直整齐,不得有纸毛、飞刺。

检验方法:观察。

(5) 壁纸、墙布阴角处应顺光搭接,阳角处应无接缝。

检验方法:观察。

裱糊时,阴阳角均不能有接缝,如有接缝,极易开胶、破裂,且接缝明显,影响装饰效果。阳角处应包角压实,阴角处应顺光搭接,这样可使拼缝看起来不明显。

(二) 软包工程

软包工程主要指墙面、门等软包工程。

1. 主控项目

(1) 软包面料、内衬材料及边框的材质、颜色、图案、燃烧性能等级和木材的含水率应符合设计要求及国家现行标准的有关规定。木材含水率太高,在施工后的干燥过程中,会导致木材翘曲、开裂、变形,直接影响到工程质量,故应对其含水率进行进场验收。

检验方法:观察;检查产品合格证书、进场验收记录和性能检测报告。

(2) 软包工程的安装位置及构造做法应符合设计要求。

检验方法:观察;尺量检查;检查施工记录。

(3) 软包工程的龙骨、衬板、边框应安装牢固,无翘曲,拼缝应平直。

检验方法:观察;手扳检查。

(4) 单块软包面料不应有接缝,四周应绷压严密。

检验方法:观察;手摸检查。

如不绷压严密,经过一段时间,软包面料会因失去张力而出现下垂及皱折。

2. 一般项目

(1) 软包工程表面应平整、洁净,无凹凸不平及皱折;图案应清晰、无色差,整体应协调美观。

检验方法:观察。

(2) 软包工程的边框表面应平整、顺直,接缝应吻合。其表面涂饰质量应符合规范有关规定。

检验方法:观察;手摸检查。

(3) 清漆涂饰木制边框的颜色、木纹应协调一致。

检验方法:观察。

(4) 软包工程安装的允许偏差和检验方法应符合表 2-31 的规定。

表 2-31 软包工程安装的允许偏差和检验方法

项次	项目	允许偏差/mm	检验方法
1	单块软包边框水平度	3	用 1 m 水平尺和塞尺检查
2	单块软包边框垂直度	3	用 1m 垂直检测尺检查
3	单块软包对角线长度差	3	从框的裁口里角用钢尺检查
4	单块软包宽度、高度	0,-2	从框的裁口里角用钢尺检查
5	分格条(缝)直线度	3	拉 5m 线,不足 5m 拉通线,用钢直尺检查
6	裁口线条结合处高度差	1	用直尺和塞尺检查

七、细部工程 SEVEN

细部工程主要包括橱柜制作与安装工程,窗帘盒、窗台板、散热器罩制作与安装工程,门窗套制作与安装工程,护栏和扶手制作与安装工程,花饰制作与安装工程等。

细部工程验收时应检查下列文件和记录:施工图、设计说明及其他设计文件;材料的产品合格证书、性能检测报告、进场验收记录和复验报告;隐蔽工程验收记录;施工记录。

验收时检查施工图、设计说明及其他设计文件,有利于强化设计的重要性,为验收提供依据,避免口头协议造成扯皮。材料进场验收、复验、隐蔽工程验收、施工记录是施工过程控制的重要内容,是工程质量的保证。

人造木板的甲醛含量过高会污染室内环境,进行复验有利于核查是否符合要求。

细部工程应对下列部位进行隐蔽工程验收:预埋件(或后置埋件)、护栏与预埋件的连接节点。

各分项工程的检验批应按下列规定划分:同类制品每 50 间(处)应划分为一个检验批,不足 50 间(处)也应划分为一个检验批。每部楼梯应划分为一个检验批。

(一) 橱柜制作与安装工程

橱柜制作与安装工程专指位置固定的壁柜、吊柜等橱柜制作、安装工程,不包括移动式橱柜和家具。每个检验批应至少抽查 3 间(处),不足 3 间(处)时应全数检查。

1. 主控项目

(1) 橱柜制作与安装所用材料的材质和规格、木材的燃烧性能等级和含水率、花岗石的放射性及人造木板的甲醛含量应符合设计要求及国家现行标准的有关规定。

检验方法:观察;检查产品合格证书、进场验收记录、性能检测报告和复验报告。

(2) 橱柜安装预埋件或后置埋件的数量、规格、位置应符合设计要求。

检验方法:检查隐蔽工程验收记录和施工记录。

(3) 橱柜的造型、尺寸、安装位置、制作和固定方法应符合设计要求。橱柜安装必须牢固。

检验方法:观察;尺量检查;手扳检查。

(4) 橱柜配件的品种、规格应符合设计要求。配件应齐全,安装应牢固。

检验方法:观察;手扳检查;检查进场验收记录。

(5) 橱柜的抽屉和柜门应开关灵活、回位正确。

检验方法:观察;开启和关闭检查。

2. 一般项目

(1) 橱柜表面应平整、洁净、色泽一致,不得有裂缝、翘曲及损坏。

检验方法:观察。

(2) 橱柜裁口应顺直,拼缝应严密。

检验方法:观察。

(3) 橱柜安装的允许偏差和检验方法应符合表 2-32 的规定。

表 2-32 橱柜安装的允许偏差和检验方法

项次	项目	允许偏差/mm	检验方法
1	外形尺寸	3	用钢尺检查
2	立面垂直度	2	用 1 m 垂直检测尺检查
3	门与框架的平行度	2	用钢尺检查

(二) 窗帘盒、窗台板和散热器罩制作与安装工程

窗帘盒有木材、塑料、金属等多种材料做法,散热器罩以木材为主,窗台板有木材、天然石材、水磨石等多种材料做法。每个检验批应至少抽查 3 间(处),不足 3 间(处)时应全数检查。

1. 主控项目

(1) 窗帘盒、窗台板和散热器罩制作与安装所使用材料的材质和规格、木材的燃烧性能等级和含水率、花岗石的放射性及人造木板的甲醛含量应符合设计要求及国家现行标准的有关规定。

检验方法:观察;检查产品合格证书、进场验收记录、性能检测报告和复验报告。

(2) 窗帘盒、窗台板和散热器罩的造型、规格、尺寸、安装位置和固定方法必须符合设计要求。窗帘盒、窗台板和散热器罩的安装必须牢固。

检验方法:观察;尺量检查;手扳检查。

(3) 窗帘盒配件的品种、规格应符合设计要求,安装应牢固。

检验方法:手扳检查;检查进场验收记录。

2. 一般项目

(1) 窗帘盒、窗台板和散热器罩表面应平整、洁净、线条顺直、接缝严密、色泽一致,不得有裂缝、翘曲及损坏。

检验方法:观察。

(2) 窗帘盒、窗台板和散热器罩与墙、窗框的衔接应严密,密封胶缝应顺直、光滑。

检验方法:观察。

(3) 窗帘盒、窗台板和散热器罩安装的允许偏差和检验方法应符合表 2-33 的规定。

表 2-33　窗帘盒、窗台板和散热器罩安装的允许偏差和检验方法

项　次	项　目	允许偏差/mm	检验方法
1	水平度	2	用 1 m 水平尺和塞尺检查
2	上口、下口直线度	3	拉 5 m 线，不足 5 m 拉通线，用钢直尺检查
3	两端距窗洞口长度差	2	用钢直尺检查
4	两端出墙厚度差	3	用钢直尺检查

（三）门窗套制作与安装工程

门窗套制作与安装工程每个检验批应至少抽查 3 间(处)，不足 3 间(处)时应全数检查。

1. 主控项目

(1) 门窗套制作与安装所使用材料的材质、规格、花纹和颜色，木材的燃烧性能等级和含水率，花岗石的放射性及人造木板的甲醛含量应符合设计要求及国家现行标准的有关规定。

检验方法：观察；检查产品合格证书、进场验收记录、性能检测报告和复验报告。

(2) 门窗套的造型、尺寸和固定方法应符合设计要求，安装应牢固。

检验方法：观察；尺量检查；手扳检查。

2. 一般项目

(1) 门窗套表面应平整、洁净、线条顺直、接缝严密、色泽一致，不得有裂缝、翘曲及损坏。

检验方法：观察。

(2) 门窗套安装的允许偏差和检验方法应符合表 2-34 的规定。

表 2-34　门窗套安装的允许偏差和检验方法

项　次	项　目	允许偏差/mm	检验方法
1	正、侧面垂直度	3	用 1 m 垂直检测尺检查
2	门窗套上口水平度	1	用 1 m 水平检测尺和塞尺检查
3	门窗套上口直线度	3	拉 5 m 线，不足 5 m 拉通线，用钢直尺检查

(2) 将测量数据填写在《木门窗制作工程检验批质量验收记录表》(见表 2-35)中，相关人员签字后找监理工程师签认。

表 2-35　木门窗制作工程检验批质量验收记录表(GB50210—2021)

030301□□

<table>
<tr><td>单位(子单位)工程名称</td><td colspan="4"></td></tr>
<tr><td>分部(子分部)工程名称</td><td colspan="2"></td><td>验收部位</td><td></td></tr>
<tr><td>施工单位</td><td colspan="2"></td><td>工程经理</td><td></td></tr>
<tr><td>分包单位</td><td colspan="2"></td><td>分包工程经理</td><td></td></tr>
<tr><td>施工执行标准名称及编号</td><td colspan="4"></td></tr>
<tr><td colspan="2">施工质量验收标准的规定</td><td colspan="2">施工单位检查评定记录</td><td>监理(建设)单位验收记录</td></tr>
</table>

续表

主控工程	1	材料质量						
	2	木材含水率						
	3	防火、防腐、防虫						
	4	木节及虫眼						
	5	榫槽连接						
	6	胶合板门、纤维板门、压模的质量						
一般工程	1	木门窗外表质量						
	2	木门窗割角拼缝						
	3	木门窗槽孔质量						
	4	制作允许偏差	翘曲	框	普通	4		
					高级	2		
				扇	普通	2		
					高级	2		
			对角线长度差	框、扇	普通	4		
					高级	2		
			外表平整度	扇	普通	2		
					高级	2		
			高度、宽度	框	普通	0；−2		
					高级	0；−1		
				扇	普通	+2；0		
					高级	+1；0		
			裁口、线条结合处上下差	框、扇	普通	1		
					高级			
			相邻棂子两端间距	扇	普通	2		
					高级	1		

施工单位检查评定结果	专业工长（施工员）		施工班组长	
	工程专业质量检查员： 年 月 日			
监理（建设）单位验收结论	专业监理工程师： （建设单位工程专业技术负责人）： 年 月 日			

八、安装工程 EIGHT

1. 线盒安装

每个房间内(抹灰阶段)的预埋线盒标高合格标准为[0,10]mm。

测量工具:激光扫平仪、5 m钢卷尺。

测量方法:在所选的某一房间内,使用激光扫平仪在墙面打出一条水平线。以该水平线为基准,用钢卷尺测量该房间内同一标高各电气底盒上口内壁至水平基准线的距离。选取其与水平基准线之间距离实测值的极差,作为判断该实测指标合格率的1个计算点,通过对房间内所有线盒(一个房间多个墙面内可能设有多个线盒)进行测量,得到一组数据,取其极差,根据上述合格标准判断是否合格,如图2-21所示。

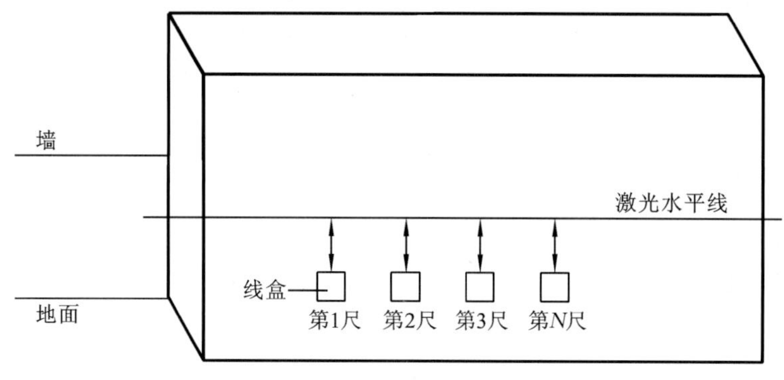

图2-21 线盒测量示意图

2. 并列面板及马桶水箱安装

(1) 并列插座开关面板高度差:每一个功能房间作为一个实测区,同一实测区同一类并列面板全数检查,以钢卷尺或其他辅助工具紧靠并列面板上边。以0.5 mm钢塞片插入钢卷尺与各面板之间的间隙,如钢塞片能插入任一面板与钢卷尺之间的缝隙,则该测量点不合格,反之,则该测量点合格。1个实测值作为判断该实测指标合格率的1个计算点。

(2) 马桶水箱离墙面距离:用钢卷尺测量。

3. 卫生间地漏安装

卫生间地漏合格标准:沉箱式卫生间必须在降板最低处设侧墙式地漏。侧墙式地漏底边低于进水口底部的高度不小于15 mm。非沉箱式卫生间找平层向地漏处找2%坡度,地漏四周500 mm范围内坡度为5%(结合设计要求),地漏四周上口用10 mm×15 mm建筑密封膏封严,上做防水层及保护层。

测量工具:5 m钢卷尺。

测量方法:目测和尺量地漏是否符合合格标准。

第四节 施工质量事故处理

装饰工程质量事故具有复杂性、严重性、可变性和多发性的特点。

一、质量事故的定义 ONE

凡工程产品没有满足某个规定的要求,就称为质量不合格;没有满足某个预期使用要求或合理的期望(包括安全性方面)要求,称为质量缺陷。凡是工程质量不合格,必须进行返修、加固或报废处理,由此造成直接经济损失低于规定限额的称为质量问题;凡是工程质量不合格,必须进行返修、加固或报废处理,由此造成直接经济损失在规定限额以上的称为质量事故。

二、质量事故的分类 TWO

质量事故按事故责任分为指导责任事故、操作责任事故、技术原因引发的质量事故、管理原因引发的质量事故和社会、经济原因引发的质量事故。

指导责任事故指由于工程实施指导或领导失误而造成的质量事故。例如,由于工程负责人片面追求施工进度,放松或不按质量标准进行控制和检验,降低施工质量标准等。操作责任事故指在施工过程中,由于实施操作者不按规程和标准实施操作而造成的质量事故。例如,防水涂料涂刷不均,造成渗水质量事故等。技术原因引发的质量事故是指在工程项目实施中由于设计、施工在技术上的失误而造成的质量事故。管理原因引发的质量事故指管理上的不完善或失误引发的质量事故。例如:材料检验不严格等。社会、经济原因引发的质量事故是指经济因素及社会上存在的弊端和不正之风引起建设中的错误行为,从而导致出现的质量事故。例如:盲目追求利润而不顾工程质量等。

三、质量事故的调查处理 THREE

发生施工质量事故,必须严格处理,处理的依据为质量事故的实况资料、有关合同及合同文件、有关的技术文件、档案和相关的建设法规。

1. 事故调查

事故调查是基础工作,要做好事故调查,为后续的事故调查报告编写、施工质量事故处理做好准备。

2. 事故调查报告

项目部完成事故调查后,需认真分析事故原因,制订事故处理方案,同时编写事故调查报告。

事故调查报告的主要内容包括工程概况,事故情况,事故发生后所采取的临时防护措施,事故调查中的有关数据、资料,事故原因分析与初步判断,事故处理的建议方案与措施,事故涉及人员与主要责任者的情况等。

事故处理后,还需要进行事故处理的鉴定验收。

3. 施工质量事故处理的基本方法

(1) 当工程某些部分的质量虽未达到规范、标准或设计的要求,存在一定的缺陷,但经过修补后可以达到要求的质量标准,又不影响使用或外观时,可采取修补处理的方法。

(2) 当工程质量缺陷经过修补处理后仍不能满足规定的质量标准要求,或不具备补救可能性时,必须采取返工处理。

(3) 当工程质量缺陷按修补方法处理后无法保证达到规定的使用要求和安全要求,又无法返工处理时,应做出限制使用的决定。

(4) 当出现下列质量问题时,可以不做处理:

① 不影响结构安全、生产工艺,可以达到使用要求的;

② 质量缺陷是后道工序可以弥补的;

③ 经法定检测单位鉴定合格的;

④ 出现的质量缺陷,经检测鉴定达不到设计要求,但经原设计单位核算,仍能满足结构安全要求和使用要求的。

(5) 出现质量事故的工程，通过分析或实践，采取上述处理方法后仍不能满足规定的质量要求或标准，则必须予以报废处理。

思考与练习

一、单选题

1. 木材基层涂刷溶剂型涂料时，基层的含水率不得大于(　　)。

A. 6%　　B. 8%　　C. 10%　　D. 12%

2. 轻质隔墙与顶棚和其他墙体的交接处应采取(　　)。

A. 加强措施　　B. 防开裂措施　　C. 固定措施　　D. 防潮措施

3. 没有满足某个预期使用要求或合理的期望(包括安全性方面)要求，称为(　　)。

A. 质量不合格　　B. 质量问题　　C. 质量缺陷　　D. 质量事故

4. 水性涂料涂饰工程施工的环境温度应为(　　)。

A. 10～35 ℃　　B. 5～35 ℃　　C. 10～40 ℃　　D. 5～40 ℃

5. 工序施工质量控制属于(　　)质量控制。

A. 事前　　B. 事中　　C. 事后　　D. 过程

6. 某办公大楼装修时，监理工程师发现由于施工放线的失误，会议室背景墙的位置偏离 15 cm，这时应该进行(　　)。

A. 加固处理　　B. 修补处理　　C. 返工处理　　D. 不做处理

7. 质量事故处理后，还需要进行事故处理的(　　)。

A. 措施落实　　B. 隐患排查　　C. 检查执行　　D. 鉴定验收

8. 吊顶工程每个检验批应至少抽查 10%，并且不得少于 3 间，不足(　　)间时应全数检查。

A. 5　　B. 4　　C. 3　　D. 2

9. 室内装饰材料中，人造木板的(　　)含量过高会污染室内环境。

A. 甲醛　　B. 苯　　C. 氯　　D. 氡

10. 质量管理的 PDCA 循环中，“D”的职能是(　　)。

A. 将质量目标值通过投入产出活动转化为实际值

B. 对质量检查中发现的问题及时采取措施纠正

C. 确定质量目标和制订实现质量目标的行动方案

D. 对计划执行情况和结果进行检查

11. 旁站监理是指监理人员在建设工程项目施工阶段监理中，对关键部位、关键工序的(　　)实施全过程现场跟班的监督活动。

A. 施工安全　　B. 施工进度　　C. 施工成本　　D. 施工质量

12. 轻钢龙骨隔墙纸面石膏板接缝高低差允许偏差为(　　)。

A. 1 mm　　B. 2 mm　　C. 3 mm　　D. 4 mm

13. 施工承包单位对工程质量问题的责任不能因(　　)而减轻。

A. 设计图纸错误　　B. 勘察资料失实

C. 监理机构验收失误　　D. 不可抗力因素

14.《中华人民共和国建筑法》和《建设工程质量管理条例》规定，政府行政主管部门应设立专门机构，对建设工程质量行使(　　)职能。

A. 验收　　B. 保证　　C. 规范　　D. 监督

15. 旧墙面在裱糊前应清除疏松的旧装修层，并涂刷(　　)。

A. 抗碱封闭底漆　　B. 防水腻子　　C. 界面剂　　D. 防水涂料

16. 吊顶施工中,当吊杆长度大于(　　)时,应设置反支撑。

A. 1.5 m　　B. 1.6 m　　C. 1.8 m　　D. 2.0 m

17. 建设工程项目质量控制系统是面向工程项目建立的质量控制系统,该系统(　　)。

A. 属于一次性的系统　　B. 需要进行第三方认证

C. 仅涉及施工承包单位　　D. 需要通过业主认证

18. 室内墙面、柱面和门洞口的阳角做法应符合设计要求。设计无要求时,应采用1∶2水泥砂浆做暗护角,其高度不应低于(　　)。

A. 1.2 m　　B. 1.5 m　　C. 2.0 m　　D. 2.2 m

19. 在建设工程项目质量控制的系统过程中,事中控制是指(　　)。

A. 对质量活动的行为约束及对质量活动过程和结果的检查与监控

B. 对质量计划的调整及对质量偏差的纠正

C. 对质量活动的行为约束和对质量活动结果的评价认定

D. 对质量活动前准备工作和质量活动过程的监督控制

20. (　　)应对工程质量负全责。

A. 质检员　　B. 施工员　　C. 项目经理　　D. 装饰公司

21. 通常情况下,抹灰总厚度大于或等于(　　)时,应采取加强措施。

A. 20 mm　　B. 25 mm　　C. 30 mm　　D. 35 mm

22. 施工验收质量控制是对工程项目中各类已完工程质量的控制,该工作应在(　　)进行。

A. 单位工程竣工验收阶段　　B. 项目施工全过程各阶段

C. 隐蔽工程验收阶段　　D. 分部工程验收阶段

23. 在天然石材安装前,应对石材饰面进行(　　)。

A. 花斑处理　　B. 泛碱处理　　C. 污染处理　　D. 防碱背涂处理

24. 施工质量保证体系的运行,应以(　　)为重心。

A. 过程管理　　B. 计划管理　　C. 结果管理　　D. 成品保护

25. 涂料涂饰工程应在(　　)进行质量验收。

A. 第一次涂刷后　　B. 第二次涂刷后　　C. 涂层养护期满后　　D. 竣工后

26. 质量管理体系认证制度是指(　　)对企业的产品及质量管理体系做出正确可靠的评价。

A. 各级质量技术监督局　　B. 各级消费者协会

C. 各单位行政主管部门　　D. 公正的第三方认证机构

27. 利用观察法检验墙面裱糊工程的拼缝时,检查距离应该为距墙面(　　)。

A. 0.5 m　　B. 1.5 m　　C. 1.0 m　　D. 2.0 m

28. 根据GB/T 19000,在明确的质量目标条件下,通过行动方案和资源配置的计划、实施、检查和监督来实现预期目标的过程称为(　　)。

A. 质量保证　　B. 质量控制　　C. 质量管理　　D. 质量活动

29. 卫生间地漏合格标准中规定,地漏四周500 mm范围内坡度通常为(　　)。

A. 2%　　B. 3%　　C. 5%　　D. 6%

二、多选题

1. 建设工程项目施工质量检查验收时,应重点检查的施工质量保证资料包括(　　)。

A. 施工日志　　B. 施工检测资料　　C. 测量复核资料

D. 工地施工例会会议纪要　　E. 原材料检测资料

2. 建设工程项目质量的影响因素主要是指在建设工程项目质量目标策划决策和实现过程中的各种客观因素和主观因素,包括人的因素、(　　)等。

A. 技术因素　B. 组织因素　C. 管理因素　D. 环境因素　E. 社会因素

3. 下列各项工作中,属于施工质量事后控制的有(　　)。

A. 分项工程质量验收　B. 分部工程质量验收　C. 隐蔽工程质量验收
D. 单位工程质量验收　E. 已完施工成品保护

4. 项目施工质量目标的分解主要从时间和空间的角度展开,实现(　　)。从时间角度展开,实施全过程的控制:从空间角度展开,实现的质量目标管理。

A. 全员管理　B. 全过程管理　C. 全公司管理　D. 全方位管理　E. 全年度管理

5. 政府质量监督机构对建设工程质量监督的基本依据是(　　)。

A. 法律　B. 法规　C. 各类标准
D. 各类设计规范　E. 工程建设强制性标准

6. 施工质量保证体系的 PDCA 循环中,实施阶段的工作内容包括(　　)。

A. 确定质量管理目标　B. 检查是否严格执行计划的行动方案
C. 计划行动方案的交底　D. 制订质量保证工作计划
E. 根据计划规定的方法与要求开展施工作业技术活动

7. 各抹灰层之间及抹灰层与基体之间必须粘结牢固,抹灰层应无脱层、空鼓和裂缝,检验方法有(　　)。

A. 观察　B. 手扳检查　C. 推拉检查
D. 检查施工记录　E. 用小锤轻击检查

8. 下列有关施工过程质量控制的表述正确的是(　　)。

A. 项目开工前,应由项目经理向承担施工的负责人或分包人进行技术交底
B. 成品保护的措施一般有防护、包裹、覆盖、封闭
C. 对施工过程的质量控制,必须以特殊过程的质量控制为基础和核心
D. 选择质量控制点的原则之一是用户反馈指出和过去有过返工的不良工序
E. 技术交底的形式有书面、口头、会议、挂牌等

9. 卫生间防水附加层测量对象有(　　)及卫生间侧排口、落水口、烟道反坎等部位。

A. 管井反坎　B. 窗框　C. 门框　D. 管道周边　E. 阴阳角

10. 工序的质量控制是施工阶段质量控制的重点。工序施工质量控制主要包括(　　)。

A. 工序施工质量控制
B. 对从事工序活动各生产要素质量及生产环境条件的控制
C. 对质量影响因素的控制
D. 工序施工指标控制
E. 对反映工序产品质量特征和特性指标的控制

11. 软包工程中软包面料四周如不绷压严密,经过一段时间,软包面料会(　　)。

A. 出现翘曲　B. 下垂　C. 出现皱折　D. 失去张力　E. 出现裂缝

12. 事中施工质量控制的重点是(　　)。

A. 工序质量的控制　B. 制订施工方案　C. 对质量偏差的纠正
D. 工作质量的控制　E. 质量控制点的控制

13. 施工质量的影响因素主要有(　　)等。

A. 材料　B. 方法　C. 人　D. 机械　E. 工艺

14. 设计单位在建设工程项目施工阶段进行质量控制和验收的主要工作内容包括(　　)。

A. 控制原材料、半成品质量　B. 参与审核主体结构的施工方案
C. 对变更设计图纸进行控制　D. 纠正施工中发现的设计问题
E. 完善工程竣工图

15. 目测法即凭借感官进行检查,也称为观感质量检验。其手段可概括为(　　)。

A. 照　　B. 摸　　C. 闻　　D. 敲　　E. 看

16. 质量事故按事故责任分为操作责任事故和(　　)。

A. 管理原因引发的质量事故　　B. 材料原因引发的质量事故

C. 社会、经济原因引发的质量事故　　D. 技术原因引发的质量事故

E. 指导责任事故

17. 橱柜制作与安装所用材料的材质和规格、木材的燃烧性能等级和含水率、花岗石的放射性及人造木板的甲醛含量应符合设计要求及国家现行标准的有关规定。检验方法有观察和查看(　　)。

A. 施工记录　　B. 进场验收记录　　C. 产品合格证书

D. 复验报告　　E. 性能检测报告

18. 事故调查报告的主要内容包括事故情况,事故发生后所采取的临时防护措施,事故调查中的有关数据、资料以及(　　)等。

A. 事故原因分析与初步判断　　B. 事故涉及人员与主要责任者的情况

C. 事故处理的建议方案与措施　　D. 事故级别

E. 工程概况

三、案例分析

(一) 某金融大厦 2～12 层室内走廊净高 2.8 m,走廊净高范围墙面面积 800 平方米/层,采用天然大理石饰面。施工单位拟订的施工方案为传统湿作业法施工,施工流向为从上往下,以楼层为施工段,每一施工段的计划工期为 4 天,每一楼层一次安装到顶。该施工方案已经批准。2007 年 6 月 12 日,大理石饰面板进场检查记录如下:天然大理石建筑板材,规格 600 mm×450 mm,厚度 18 mm,一等品。2007 年 6 月 12 日,石材进场后专业班组从第 12 层开始安装。为便于灌浆操作,操作人员将结合层的砂浆厚度控制在 18 mm,每层板材安装后分两次灌浆。结果实际工期与计划工期一致。操作人员完成第 12 层后,立即进行封闭保护,并转入下一层施工。2006 年 6 月 27 日,专业班组请项目专职质检员检验 12 层走廊墙面石材饰面,结果发现局部大理石饰面产生不规则的花斑,沿墙高的中下部位空鼓的板块较多。

问题:

1. 试分析大理石饰面板产生不规则的花斑的原因。担任项目经理的建筑工程专业建造师应如何纠正 12 层出现的花斑缺陷?如何采取预防措施?

2. 大理石饰面板是否允许板块局部空鼓?试分析本工程大理石饰面板产生空鼓的原因。

(二) 某建设单位新建办公楼,与甲施工单位签订施工总承包合同。该工程门厅大堂内墙设计做法为干挂石材,多功能厅隔墙设计做法为石膏板骨架隔墙。施工过程中发生下列事件。

事件一:建设单位将该工程所有门窗单独发包,并与具备相应资质条件的乙施工单位签订门窗施工合同。

事件二:装饰装修施工时,甲施工单位组织大堂内墙与地面平行施工。监理工程师要求补充交叉作业专项安全措施。

事件三:施工单位上报了石膏板骨架隔墙施工方案。其中石膏板安装方法为“隔墙面板横向铺设,两侧对称、分层由下至上逐步安装;填充隔声防火材料随面层安装逐层跟进,直至全部封闭;石膏板用自攻螺钉固定,先固定板四边,后固定板中部,钉头略埋入板内,钉眼用石膏腻子抹平”。监理工程师认为施工方法存在错误,责令修改后重新报审。

事件四:工程完工后进行室内环境污染物浓度检测,结果不达标,经整改后再次检测达到相关要求。

问题:

1. 事件一中,建设单位将门窗单独发包是否合理?说明理由。

2. 事件二中,交叉作业安全控制应注意哪些要点?

3. 事件三中,骨架隔墙施工有哪些不妥?

4. 事件四中,再次检测室内环境污染物浓度时,应如何取样?

第九章

施工合同管理

第一节 施工承发包模式

一、常见的施工任务委托模式 ONE

1. 施工平行承发包模式

发包方不委托施工总承包单位,而平行委托多个施工单位进行施工。这种模式通常应用于规模大、时间紧、对施工经验要求高的项目。

2. 施工总承包模式

发包方委托一个施工单位或由多个施工单位组成的施工联合体或施工合作体作为施工总承包单位,施工总承包单位视需要再委托其他施工单位作为分包单位配合施工。

3. 施工总承包管理模式

发包方委托一个施工单位或由多个施工单位组成的施工联合体或施工合作体作为施工总承包管理单位,发包方另委托其他施工单位作为分包单位进行施工。

二、承发包的模式特点 TWO

(一) 施工平行承发包的特点

1. 费用控制方面

对每一部分工程施工任务的发包,都以施工图设计为基础,投标人进行投标报价较有依据,工程的不确定性程度降低了,对合同双方的风险也相对降低了。对每一部分工程的施工,发包人都可以通过招标选择最好的施工单位承包。这对降低工程造价有利。对业主来说,要等最后一份合同签订后才知道整个工程的总造价。这对投资早期控制不利。

2. 进度控制方面

某一部分施工图完成后,即可开始对该部分的招标,开工日期提前,可以边设计边施工,缩短建设周期。由于要进行多次招标,业主用于招标的时间较多。工程总进度计划和控制由业主负责。由各施工单位承包的各部分工程之间的进度计划及其实施的协调由业主负责(业主直接抓各个施工单位似乎控制力度大,但矛盾集中,业主的管理风险大)。

3. 质量控制方面

对某些工作而言，符合质量控制上的“他人控制”原则，不同分包单位之间能够形成一定的控制和制约机制，对业主的质量控制有利；合同交界面比较多，应非常重视各合同之间交界面的定义，否则对项目的质量控制不利。

4. 合同管理方面

业主要负责所有施工承包合同的招标、合同谈判、签约，招标工作量大，对业主不利；业主在每个合同中都会有相应的责任和义务，签订的合同越多，业主的责任和义务就越大；业主要负责对多个施工承包合同的跟踪管理，合同管理工作量较大。

5. 组织与协调方面

业主直接控制所有工程的发包，可决定所有工程的承包商的选择。业主要负责对所有承包商的组织与协调，承担类似于总承包管理的角色，工作量大，需要配备较多的人力进行管理，管理成本高。

（二）施工总承包的特点

1. 费用控制方面

在通过招标选择施工总承包单位时，一般都以施工图设计为招标报价的基础，投标人的投标较有依据。在开工前就有较明确的合同价，有利于业主对总造价的早期控制。若在施工过程中发生设计变更，则可能导致索赔。

2. 进度控制方面

一般要等施工图设计全部结束后，才能进行施工总承包单位的招标，开工日期较迟，建设周期势必较长，对进度控制不利。这是施工总承包模式的最大缺点，限制了其在建设时间紧迫的工程项目中的应用。

3. 质量控制方面

项目质量的好坏很大程度上取决于施工总承包单位的选择，取决于施工总承包单位的管理水平和技术水平。业主对施工总承包单位的依赖性较强。

4. 合同管理方面

业主只需要进行一次招标，与一个施工总承包单位签约，招标及合同管理工作量大大减小。施工总承包合同一般实行总价合同。但是，在国内的很多工程实践中，业主为了早日开工，在未完成施工图设计的情况下就进行招标选择施工总承包单位，采用所谓的“费率招标”，实际上是开口合同，对业主方的合同管理和投资控制十分不利。

5. 组织与协调方面

业主只负责对施工总承包单位的管理及组织协调，工作量大大减小。

（三）施工总承包管理的特点

1. 费用控制方面

某一部分工程的施工图完成后，由业主单独或与施工总承包管理单位共同进行该部分工程的施工招标，分包合同的投标报价较有依据；对每一部分工程的施工，发包人都可以通过招标选择最好的施工单位承包，获得最低的报价，对降低工程造价有利。在进行施工总承包管理单位的招标时，只确定总承包管理费，没有合同总造价，这是业主承担的风险之一。多数情况下，由业主方与分包人直接签约，加大了业主方的风险。

2. 进度控制方面

对施工总承包管理单位的招标不依赖于施工图设计，可以提前到初步设计阶段进行；而对分包单位的招标依据该部分工程的施工图，与施工总承包模式相比也可以提前，从而可以提前开工，缩短建设周期。施工总进度计划的编制、控制和协调由施工总承包管理单位负责，而项目总进度计划的编制、控制和协调，以及设计、施工、供货之间的进度计划协调由业主负责。

3. 质量控制方面

对分包单位的质量控制主要由施工总承包管理单位进行。对分包单位来说，也有来自其他分包单位的横向控制，符合质量控制上的“他人控制”原则，对质量控制有利。各分包合同交界面的定义由施工总承包管理单位负责，减小了业主方的工作量。

4. 合同管理方面

一般情况下，所有分包合同的招投标、合同谈判、签约工作由业主负责，业主方的招标及合同管理工作量大，对业主不利。对分包单位工程款的支付可分为总承包管理单位支付和业主直接支付两种形式，前者对于加大总承包管理单位对分包单位管理的力度更有利。

5. 组织与协调方面

由施工总承包管理单位负责对所有分包单位的管理及组织协调，大大减少了业主的工作，这是施工总承包管理模式的基本出发点。与分包单位的合同一般由业主签订，一定程度上削弱了施工总承包管理单位对分包单位管理的力度。

第二节　施工承包与物资采购合同的内容

一、施工承包合同的主要内容　ONE

为了规范和指导合同当事人双方的行为，避免合同纠纷，解决合同文本不规范、条款不完备、执行过程纠纷多等一系列问题，国际工程界许多著名组织，如 FIDIC(国际咨询工程师联合会)等都编制了指导性的合同示范文本，规定了合同双方的一般权利和义务，对引导和规范建设行为起到非常重要的作用。

2008 年 5 月 1 日起实行《标准施工招标文件》。《标准施工招标文件》规定施工合同由通用合同条款和专用合同条款两部分组成。其中的通用合同条款对承发包人的责任与义务做出了明确详细的说明，同时也对进度、质量、费用控制及竣工验收缺陷处理、保修等方面的内容进一步明确。而行业标准施工文件对专用合同条款、工程量清单、图纸、技术标准和要求已经做出具体规定。专用合同条款对通用合同条款进行补充、细化。需要说明的是专用合同条款的补充、细化内容不得与通用合同条款强制性规定相抵触，否则抵触内容无效。

通用合同条款中规定，发包人应将其持有的基础资料提供给承包人，并对其准确性负责。但承包人应对其阅读上述有关资料后做出的解释和推断负责。承包人对施工作业和施工方法的完备性负责，对工程的维护和照管负全责。施工进度按照合同进度计划执行，如合同进度计划需要修订，修订后的进度计划需报监理人审批。监理人应在开工日期 7 天前向承包人发出开工通知。监理人在发出开工通知前应获得发包人同意。工期自监理人发出的开工通知中载明的开工日期起计算。如果出现专用合同条款规定的异常恶劣气候条件导致工期延误，承包人有权要求发包人延长工期。由于承包人原因造成工期延误，承包人应支付逾期竣工违约金。

承包人应在施工场地设置专门的质量检查机构，配备专职质量检查人员，建立完善的质量检查制度。承包人应在合同约定的期限内，提交工程质量保证措施文件，包括质量检查机构的组织和岗位责任、质检人员的组成、质量检查程序和实施细则等，报送监理人审批。

监理人的检查和检验，不免除或减轻承包人按合同约定应负的责任。工程隐蔽部位覆盖前应通知监理人检查，监理人未到场检查，可视为检查通过。承包人按规定覆盖工程隐蔽部位后，监理人对质量有疑问的，可要求承包人对已覆盖的部位进行钻孔探测或揭开重新检验，承包人应遵照执行，并在检验后重新覆盖恢复原状。经检验证明工程质量符合合同要求的，由发包人承担由此增加的费用和(或)工期延误，并支付承包人合理利润；经检验证明工程质量不符合合同要求的，由此增加的费用和(或)工期延误由承包人承担。承包人未通知监理人检查,私自覆盖的,需接受相应处罚,经检查不合格的,清除不合格工程并接受相应处罚。

竣工验收指承包人完成了全部合同工作后,发包人按合同要求进行的验收。竣工清场费用由承包人承担。工程接收证书颁发后的 56 天内应撤离施工场地或拆除。

缺陷责任期是指承包单位按照合同约定对所完成的工程承担缺陷修补义务,且发包人扣留质量保证金的期限。缺陷责任期通常为 6 个月、12 个月、24 个月,具体由双方在合同中约定。缺陷责任期自实际竣工日期起计算。在全部工程竣工验收前,已经发包人提前验收的单位工程,其缺陷责任期的起算日期相应提前。发包人有权要求承包人相应延长缺陷责任期,但缺陷责任期最长不超过 2 年。在缺陷责任期(包括根据合同规定延长的期限)终止后 14 天内,由监理人向承包人出具经发包人签认的缺陷责任期终止证书,并退还剩余的质量保证金。

合同当事人根据有关法律规定,在专用合同条款中约定工程质量保修范围、期限和责任。保修期自实际竣工日期起计算。在全部工程竣工验收前,已经发包人提前验收的单位工程,其保修期的起算日期相应提前。

二、施工专业分包合同的内容 TWO

中华人民共和国住房和城乡建设部和国家工商行政管理总局于 2003 年发布了《建设工程施工专业分包合同(示范文本)》(GF—2003—0213)和《建设工程施工劳务分包合同(示范文本)》(GF—2003—0214)。承包人应提供总包合同(有关承包工程的价格内容除外)供分包人查阅。项目经理应按分包合同的约定,及时向分包人提供所需的指令、批准、图纸并履行其他约定的义务。承包人的工作具体如下。

(1) 向分包人提供与分包工程相关的各种证件、批件和各种相关资料,向分包人提供具备施工条件的施工场地。

(2) 组织分包人参加发包人组织的图纸会审,向分包人进行设计图纸交底。

(3) 提供专用合同条款中约定的设备和设施,并承担因此发生的费用。

(4) 随时为分包人提供确保分包工程的施工所要求的施工场地和通道等,满足施工运输的需要,保证施工期间的畅通。

(5) 负责整个施工场地的管理工作,协调分包人与同一施工场地的其他分包人之间的交叉配合,确保分包人按照经批准的施工组织设计进行施工。

除合同条款另有约定,分包人应履行并承担总包合同中与分包工程有关的承包人的所有义务与责任。分包人需服从承包人转发的发包人或工程师与分包工程有关的指令。未经承包人允许,分包人不得以任何理由与发包人或工程师发生直接工作联系,分包人不得直接致函发包人或工程师,也不得直接接受发包人或工程师的指令,如分包人与发包人或工程师发生直接工作联系,将被视为违约,并承担违约责任。

分包工程合同价款可以采用以下三种中的一种(应与总包合同约定的方式一致):固定价格、可调价格和成本加酬金。分包合同价款与总包合同相应部分价款无任何连带关系。

三、施工劳务分包合同的内容 THREE

劳务分包人只提供劳务工作。施工开始前,工程承包人应获得发包人为施工场地内的自有人员及第三方人员生命财产办理的保险,且不需劳务分包人支付保险费用。运至施工场地用于劳务施工的材料和待安装设备,由工程承包人办理或获得保险,且不需劳务分包人支付保险费用。工程承包人必须为租赁或提供给劳务分包人使用的施工机械设备办理保险,并支付保险费用。劳务分包人必须为从事危险作业的职工办理意外伤害保险,并为施工场地内自有人员生命财产和施工机械设备办理保险,支付保险费用。除此以外,工程承包人还要做到以下几点。

(1) 组建与工程相适应的项目管理班子,全面履行总(分)包合同,组织实施施工管理的各项工作,对工程的工期和质量向发包人负责。

(2) 完成劳务分包人施工前期的下列工作。

① 向劳务分包人交付具备劳务作业开工条件的施工场地。

② 满足劳务作业所需的能源供应,保证通信及施工道路畅通。

③ 向劳务分包人提供相应的工程资料。

④ 向劳务分包人提供生产、生活临时设施。

(3) 负责编制施工组织设计,组织编制年、季、月施工计划和物资需用量计划表。

(4) 负责工程测量定位、技术交底,组织图纸会审,统一安排技术档案资料的收集整理及交工验收。

(5) 按时提供图纸,及时交付材料等。

(6) 按合同约定,向劳务分包人支付劳动报酬。

(7) 负责与发包人和监理、设计及有关部门联系,协调现场工作关系。

四、物资采购合同的主要内容 FOUR

装饰材料采购合同的主要内容有标的、数量、包装、交付及运输方式、验收、交货期限、价格、结算和违约责任等。其中需要详细说明的如下。

1. 标的约定质量标准的一般原则

(1) 按颁布的国家标准执行。

(2) 没有国家标准而有部颁标准的,按照部颁标准执行。

(3) 没有国家标准和部颁标准为依据时,可按照企业标准执行。

(4) 没有上述标准或虽有上述标准但采购方有特殊要求时,按照双方在合同中约定的技术条件、样品或补充的技术要求执行。

2. 包装

包装包括包装的标准、包装物的供应和回收。包装物一般应由材料的供货方负责供应,并且一般不得另外向采购方收取包装费。包装物的回收可以采用押金回收和折价回收两种形式。

3. 交货期限

(1) 供货方负责送货的,以采购方收货戳记的日期为准。

(2) 采购方提货的,以供货方按合同规定通知的提货日期为准。

(3) 凡委托运输部门或单位运输、送货或代运的,一般以供货方发运产品时承运单位签发的日期为准,不是以向承运单位提出申请的日期为准。

4. 价格

(1) 由国家定价的材料,应按国家定价执行。

(2) 按规定应由国家定价但国家尚未定价的材料,其价格应报请物价主管部门批准。

(3) 不属于国家定价的产品,可由供需双方协商确定价格。

5. 违约责任

(1) 供货方的违约行为包括不能按期供货、不能供货、供应的货物有质量缺陷或数量不足等。

(2) 采购方的违约行为包括不按合同要求接收货物、逾期付款或拒绝付款等。

交付及运输方式通常有两种,即采购方到约定地点提货、供货方负责将货物送达指定地点。合同中应该明确货物的验收依据和验收方式,其中验收方式有驻厂验收、提运验收、接运验收和入库验收等。合同中应明确结算的时间、方式和手续。结算方式可以是现金支付和转账结算。

第三节 施工合同形式

施工合同形式有三种，即单价合同、总价合同与成本加酬金合同。

一、单价合同 ONE

当发包工程的内容和工程量尚不能明确具体地予以规定时，常采用单价合同的形式，即根据计划工程内容和估算工程量，在合同中明确每项工程内容的单位价格(如每米、每平方米或者每立方米的价格)，实际支付时则根据实际完成的工程量乘以合同单价计算应付的工程款。固定单价合同适用于工期较短、工程量变化幅度不会太大的项目。家装工程通常采用单价合同的形式。

(一) 单价合同的特点

(1) 单价合同的特点是单价优先，实际工程款则按实际完成的工程量乘以承包商投标时所报的单价计算。

(2) 由于单价合同允许随工程量变化而调整工程总价，业主和承包商都不存在工程量方面的风险，因此对合同双方都比较公平。另外，在招标前，发包单位无须对工程范围做出完整的、详尽的规定，从而可以缩短招标准备时间，投标人也只需对所列工程内容报出自己的单价，从而缩短投标时间。

不足之处在于业主需要安排专门力量来核实已经完成的工程量，需要在施工过程中花费不少精力，协调工作量大。另外，用于计算应付工程款的实际工程量可能超过预测的工程量，即实际投资容易超过计划投资，对投资控制不利。

(二) 单价合同的分类

单价合同可分为固定单价合同和变动单价合同。

固定单价合同条件下，无论存在哪些影响价格的因素，都不对单价进行调整，因而对承包商而言就存在一定的风险。

当采用变动单价合同时，合同双方可以约定一个估计的工程量，当实际工程量发生较大变化时，可以对单价进行调整，同时还应该约定如何对单价进行调整。当然也可以约定当通货膨胀达到一定水平或者国家政策发生变化时，可以对哪些工程内容的单价进行调整以及如何调整等。因此，承包商的风险就相对较小。

二、总价合同 TWO

总价合同和单价合同在性质上是完全不同的，总价合同是总价优先，单价合同是单价优先。

(一) 总价合同的特点

(1) 发包单位可以在报价竞争状态下确定项目的总造价，可以较早确定或者预测工程成本。

(2) 业主的风险较小，承包人将承担较大的风险。

(3) 评标时易于迅速确定最低报价的投标人。

(4) 在施工进度上能极大地调动承包人的积极性。

(5) 发包单位能更容易、更有把握地对项目进行控制。

(6) 必须完整而明确地规定承包人的工作。

(7) 必须将设计和施工方面的变化控制在最小限度内。

（二）总价合同的分类

总价合同分为固定总价合同和变动总价合同。

1. 固定总价合同

固定总价合同的价格计算是以图纸及规定、规范为基础，工程任务和内容明确，业主的要求和条件清楚，合同总价一次包死，固定不变。在国际上，这种合同被广泛接受和采用。对业主而言，在签订合同时就可以基本确定项目的总投资额，对投资控制有利。当然，在固定总价合同中还可以约定，在发生重大工程变更、累计工程变更超过一定幅度或者其他特殊条件下，可以对合同价格进行调整。

固定总价合同的不足之处在于承包商承担了较大的风险，如价格风险和工程量风险。其适用范围如下。

(1) 工程量小、工期短，估计在施工过程中环境因素变化小，工程条件稳定并且合理。

(2) 工程设计详细，图纸完整、清楚，工程任务和范围明确。

(3) 工程结构和技术简单，风险小。

(4) 投标期相对宽裕，承包商可以有充足的时间详细考察现场，复核工程量，分析招标文件，拟订施工计划。

(5) 合同条件中双方的权利和义务十分清楚，合同条件完备。

2. 变动总价合同

1) 合同价款调整规定

合同双方可约定，在以下条件下可对合同价款进行调整。

(1) 法律、行政法规和国家有关政策变化影响合同价款。

(2) 工程造价管理部门公布的价格调整。

(3) 一周内非承包人原因停水、停电、停气造成停工累计超过 8 h。

(4) 双方约定的其他因素。

2) 价格调整规定

在工程施工承包招标时，施工期限为一年左右的项目一般实行固定总价合同，通常不考虑价格调整问题，以签订合同时的单价和总价为准，物价上涨的风险全部由承包商承担。

三、成本加酬金合同 THREE

成本加酬金合同适用于以下情况：工程特别复杂，工程技术、结构方案不能预先确定；尽管可以确定工程技术和结构方案，但是不可能进行竞争性的招标活动并以总价合同或单价合同的形式确定承包商，如研究开发性质的工程项目；时间特别紧迫，如抢险、救灾工程，来不及进行详细的计划和商谈。

（一）成本加酬金合同的特点

1. 对业主

(1) 可以通过分段施工缩短工期。

(2) 可以减少承包商的对立情绪，承包商对工程变更和不可预见条件的反应会比较积极和迅速。

(3) 可以利用承包商的施工技术专家，帮助改进或弥补设计中的不足。

(4) 可以根据自身力量和需要，较深入地介入和控制工程施工和管理。

(5) 可以通过确定最大保证价格约束工程成本不超过某一限值，从而转移一部分风险。

2. 对承包商

对承包商来说，成本加酬金合同比固定总价合同的风险低，利润比较有保证，因而积极性较高，缺点在于合同的不确定性大。

(二)成本加酬金合同的形式

(1) 成本加固定费用合同:在工程总成本一开始估计不准,可能变化不大的情况下,可采用该合同形式。

(2) 成本加固定比例费用合同:一般在工程初期很难描述工作范围和性质,或工期紧迫,无法按常规编制招标文件招标时采用。

(3) 成本加奖金合同:在招标时,当图纸、规范等准备不充分,不能据以确定合同价格,而仅能制定一个估算指标时可采用这种形式。

(4) 最大成本加费用合同。

三种合同计价方式比较分析如表 2-36 所示。

表 2-36 三种合同计价方式比较分析

项目	总价合同	单价合同	成本加酬金合同
应用范围	广泛	工程量暂不确定的工程	紧急工程、保密工程等
业主的投资控制工作	容易	工作量较大	难度大
业主的风险	较小	较大	很大
承包商的风险	大	较小	无
设计深度要求	施工图设计	初步设计或施工图设计	各设计阶段

第四节 施工合同执行过程的管理

一、施工合同跟踪与控制 ONE

1. 合同跟踪的依据

(1) 合同以及依据合同编制的各种计划文件。

(2) 各种实际工程文件,如原始记录、报表、验收报告等。

(3) 管理人员对现场情况的直观了解,如现场巡视、交谈、会议、质量检查等。

2. 合同跟踪的对象

(1) 承包的任务,包括工程施工的质量、工程数量、工程进度、成本的增加和减少。

(2) 工程小组或分包人的工程和工作。

(3) 业主和其委托的工程师的工作。

3. 合同实施的偏差分析

合同实施产生偏差的原因分析可以采用鱼刺图、因果关系分析图(表)、成本量差、价差、效率差分析等方法定性或定量地进行。

合同实施趋势分析依据为最终的工程状况、承包商将承担的后果和工程最终经济效益(利润)水平。合同实施偏差处理方法如下。

(1) 组织措施:如增加人员投入,调整人员安排,调整工作流程和工作计划等。

(2) 技术措施:如变更技术方案,采用新的高效率的施工方案等。

(3) 经济措施:如增加投入,采取经济激励措施等。

(4) 合同措施:如进行合同变更,签订附加协议,采取索赔手段等。

二、施工合同变更管理 TWO

在履行合同过程中，经发包人同意，监理人可按合同约定的变更程序向承包人做出变更指示，承包人应遵照执行。没有监理人的变更指示，承包人不得擅自变更。变更指示只能由监理人发出，变更指示应说明变更的目的、范围、变更内容以及变更的工程量及其进度和技术要求，并附有关图纸和文件。除专用合同条款另有约定外，因变更引起的价格调整按照以下规定处理。

(1) 已标价工程量清单中有适用于变更工作的子目的，采用该子目的单价。

(2) 已标价工程量清单中无适用于变更工作的子目，但有类似子目的，可在合理范围内参照类似子目的单价。

(3) 已标价工程量清单中无适用或类似子目的单价的，可按照成本加利润的原则，由监理人与承包人商定或确定变更工作的单价。

发包人认为有必要时，由监理人通知承包人以计日工方式实施变更的零星工作。其价款按列入已标价工程量清单中的计日工计价子目及其单价进行计算。

第五节　施工合同的索赔

装饰工程索赔通常是指在工程合同履行过程中，合同当事人一方因对方不履行或未能正确履行合同或者由于其他非自身因素而受到经济损失或权利损害，通过合同规定的程序向对方提出经济或时间补偿要求的行为。索赔的依据通常为合同文件、法律、法规和工程建设惯例。

一、索赔提出的条件 ONE

索赔证据必须具有真实性、及时性、全面性、关联性和有效性。承包人可以提出索赔的事件如下。

(1) 发包人违反合同给承包人造成时间、费用损失。

(2) 因工程变更造成时间、费用损失。

(3) 监理工程师对合同文件的歧义解释、技术资料不确切或不可抗力导致施工条件改变，造成时间、费用增加。

(4) 发包人提出提前完成项目或缩短工期，造成承包人的费用增加。

(5) 发包人延误支付期限造成承包人的损失。

(6) 对合同规定以外的项目进行检验，且检验合格，或非承包人的原因导致项目缺陷的修复所发生的损失或费用。

(7) 非承包人的原因导致工程暂时停工。

(8) 物价上涨、法规变化及其他。

二、索赔成立的条件 TWO

索赔的成立，应该同时具备以下三个前提条件，缺一不可。

(1) 与合同对照，事件已造成了承包人工程项目成本的额外支出或直接工期损失。

(2) 造成费用增加或工期损失的原因，按合同约定不属于承包人的行为责任或风险责任。

(3) 承包人按合同规定的程序和时间提交索赔意向通知书和索赔报告。

三、施工合同索赔的程序 THREE

索赔事件发生后,承包人需要首先提交索赔意向通知书,其内容如下。

(1) 索赔事件发生的时间、地点和简单事实情况描述。

(2) 索赔事件的发展动态。

(3) 索赔依据和理由。

(4) 索赔事件对工程成本和工期产生的不利影响。

(一) 索赔资料准备阶段的主要工作

(1) 跟踪和调查干扰事件,掌握事件发生的详细经过。

(2) 分析干扰事件发生的原因,划清各方责任,确定索赔依据。

(3) 损失或损害调查分析与计算,确定工期索赔和费用索赔额。

(4) 收集证据,获得各种充分而有效的证据。

(5) 起草索赔文件(索赔报告)。

(二) 索赔文件的主要内容

(1) 总述部分。

(2) 论证部分,是索赔报告的关键部分。

(3) 索赔款项(或工期)计算部分。

(4) 证据部分。

(三) 编写索赔文件(索赔报告)

(1) 责任分析应清楚、准确。

(2) 索赔额的计算依据要准确,计算结果要准确。

(3) 提供充分有效的证据材料。

四、承包人提出索赔的期限 FOUR

根据九部委《中华人民共和国标准施工招标文件》中的通用合同条款,承包人按合同约定接受了竣工付款证书后,应被认为已无权再提出在合同工程接收证书颁发前所发生的任何索赔。

思考与练习

一、单选题

1. 施工平行承发包模式与施工总承包模式的相同点是(　　)。

A. 有利于业主对造价的早期控制

B. 招标人在通过招标选择承包人时通常以施工图设计为依据

C. 业主的合同管理工作量较大

D. 业主的组织协调工作量较大

2. 施工合同索赔程序的第一步是(　　)。

A. 承包人收集证据　　　　B. 承包人提交索赔报告

C. 监理人审核索赔报告　　D. 承包人向监理人提交索赔意向通知书

3. 根据《中华人民共和国标准施工招标文件》通用合同条款的规定，设计交底应由(　　)组织。

A. 监理单位　　B. 发包人　　C. 承包人　　D. 设计单位

4. 在招标时，当图纸、规范等准备不充分，不能据以确定合同价格，而仅能制定一个估算指标时可采用的成本加酬金合同的形式是(　　)。

A. 成本加固定费用合同　　B. 成本加固定比例费用合同

C. 成本加奖金合同　　D. 最大成本加费用合同

5. 施工总承包管理模式在进度控制方面的特点是(　　)。

A. 对施工总承包管理单位的招标不依赖于施工图设计，可以提前到初步设计阶段进行

B. 设计、施工、供货之间的进度计划协调由施工总承包管理单位负责

C. 项目总进度计划的编制由施工总承包管理单位负责

D. 对缩短建设周期不利

6. 索赔报告的关键部分是(　　)。

A. 总述部分　　B. 论证部分

C. 索赔款项(或工期)计算部分　　D. 证据部分

7. 某劳务公司从某装饰公司承接一别墅装饰工程的部分劳务工作，需要为其 6 名员工的生命财产办理保险，该项保险费用应该由(　　)支付。

A. 发包人　　B. 装饰公司　　C. 监理人　　D. 劳务公司

8. 发包人有权要求承包人相应延长缺陷责任期，但缺陷责任期最长不超过(　　)。

A. 半年　　B. 1 年　　C. 2 年　　D. 3 年

9. 对于承包人而言，承担风险由大到小的依次是(　　)。

A. 总价合同，单价合同，成本加酬金合同　　B. 成本加酬金合同，单价合同，总价合同

C. 单价合同，总价合同，成本加酬金合同　　D. 成本加酬金合同，总价合同，单价合同

10. 建设工程施工劳务分包合同中，由劳务分包人负责办理并支付保险费用的是(　　)。

A. 工程承包人租赁或提供给劳务分包人使用的施工机械设备保险

B. 运至施工场地用于劳务施工的材料和待安装设备保险

C. 第三方人员(参观、考察人员)生命财产保险

D. 从事危险作业的劳务分包人的职工的意外伤害保险

11. 建设工程合同是指承包人进行工程的勘察、设计、施工等建设，发包人支付相应价款的合同。建设工程合同的主体只能是(　　)。

A. 公民个人　　B. 设计者　　C. 企业领导人　　D. 法人

12.《建设工程施工合同(示范文本)》规定，发包人供应的材料、设备与约定不符时，由(　　)承担所有差价。

A. 承包人　　B. 发包人

C. 承包人与发包人共同　　D. 承包人与发包人协商

13. 供货方不能全部或部分交货，应按合同约定的违约金比例乘以(　　)来计算违约金。

A. 全部货物的货款　　B. 不能交货部分货款

C. 已经交货部分货款　　D. 供需双方商定的货款

14. 某装饰工程地砖铺好后，发包人怀疑管线埋设有问题，要求破坏性检验，检验后证明全部符合标准，则检验所增加的工期延误和费用由(　　)承担。

A. 承包人　　B. 发包人　　C. 监理人　　D. 三方共同

15. 在某大型工程项目的实施过程中，由于“下情不能上传，上情不能下达”，项目经理不能及时做出正确决策，拖延了工期。为了加快实施进度，项目经理修正了信息传递工作流程。这种纠偏措施属于动态控

制的(　　)。

A. 技术措施　　B. 管理措施　　C. 经济措施　　D. 组织措施

二、多选题

1. 下列关于《中华人民共和国标准施工招标文件》通用合同条款有关内容的表述正确的是(　　)。

A. 暂停施工期间承包人应负责妥善保护工程并提供安全保障

B. 竣工清场费用由承包人承担

C. 任何情况下,发包人在收到承包人竣工验收申请报告 56 天后未进行验收的,视为验收合格,实际竣工日期以提交竣工验收申请报告的日期为准

D. 质量保证金的计算额度不包括预付款的支付、回扣及价格调整的金额

E. 缺陷责任期最长不超过 3 年

2. 在施工总承包管理模式下,与分包单位的合同可以由(　　)。

A. 施工总承包管理单位与业主签订　　B. 业主与分包单位直接签订

C. 施工总承包管理单位与分包单位签订　　D. 施工总承包单位与业主签订

E. 施工总承包单位直接与分包单位签订

3. 下列有关单价合同的表述正确的是(　　)。

A. 单价合同的特点是单价优先

B. 固定单价合同适用于工期较长、工程量变化幅度较大的项目

C. 固定单价合同,对承包商而言不存在风险

D. 变动单价合同,承包商的风险较大

E. 单价合同对合同双方都比较公平

4. 对业主而言,成本加酬金合同的优点有(　　)。

A. 可以通过分段施工缩短工期

B. 对投资控制有利

C. 可以根据自身力量和需要,较深入地介入和控制工程施工和管理

D. 风险小

E. 可以利用承包商的施工技术专家,帮助改进或弥补设计中的不足

5. 索赔依据包括(　　)。

A. 合同文件　　B. 法律、法规　　C. 日记

D. 工程建设惯例　　E. 规范、标准

6. 某工程项目发包人与承包人签订了施工合同,承包人与分包人签订了专业工程分包合同,在分包合同履行过程中,下列说法正确的是(　　)。

A. 未经承包人允许,分包人不得以任何理由与发包人或工程师发生直接工作联系

B. 分包人可以直接致函发包人或工程师

C. 一般情况下,分包人可以直接接受发包人或工程师的指令

D. 分包人无须接受承包人转发的发包人或工程师与分包工程有关的指令

E. 在合同约定时间内,分包人向承包人提交详细的施工组织设计

7. 索赔证据应该具有(　　)。

A. 科学性　　B. 真实性　　C. 及时性　　D. 公正性　　E. 关联性

8. 合同实施偏差分析的内容包括(　　)。

A. 产生偏差的原因分析　　B. 合同实施的任务

C. 合同实施偏差的责任分析　　D. 合同实施趋势分析

E. 合同的纠偏措施

9. 在建设工程项目施工索赔中,可索赔的人工费包括(　　)。

A. 完成合同之外的额外工作所花费的人工费用

B. 施工企业因雨季停工后加班增加的人工费用

C. 法定人工费增长费用

D. 非承包商责任造成的工期延长导致的工资上涨费

E. 不可抗力造成的工期延长导致的工资上涨费

10. 索赔意向通知书的内容包括(　　)。

A. 索赔事件发生的时间、地点和简单事实情况描述

B. 索赔事件的发展动态

C. 索赔依据和理由

D. 索赔款项、工期的计算

E. 索赔事件对工程成本和工期产生的不利影响

11. 建设工程施工平行承发包模式的优点是(　　)。

A. 有利于业主的质量控制

B. 有利于早期投资控制

C. 有利于缩短建设周期

D. 有利于业主的合同管理

E. 有利于降低工程造价

12. 下列关于总价合同的说法不正确的是(　　)。

A. 发包单位可以在报价竞争状态下确定项目的总造价

B. 承包人将承担较大的风险

C. 固定总价合同适用于工程规模较大的项目

D. 在施工进度上不能调动承包人的积极性

E. 评标时易于迅速确定最低报价的投标人

13. 承包商在进行合同实施趋势分析时,需针对合同实施偏差情况以及可以采取的措施,分析在不同措施下合同执行的结果与趋势,包括(　　)等。

A. 最终的工程状况

B. 解决偏差的具体措施

C. 工程最终经济效益(利润)水平

D. 承包商将承担的后果

E. 双方争议的调解方法

14. 下列属于合同实施偏差处理组织措施的是(　　)。

A. 调整人员安排

B. 变更技术方案

C. 增加人员投入

D. 签订附加协议

E. 调整工作流程

15. 在装饰工程项目施工索赔中,可索赔的材料费包括(　　)。

A. 非承包商原因导致材料实际用量超过计划用量而增加的费用

B. 因政策调整导致材料价格上涨的费用

C. 因质量原因使工程返工所增加的材料费

D. 因承包商提前采购材料而发生的超期储存费用

E. 由业主原因造成的材料损耗费

三、案例分析

(一) 甲公司投资建设一幢地下一层、地上五层的框架结构商场,乙施工企业中标地上五层商场装修后,双方采用《建设工程施工合同(示范文本)》(GF—2017—0201)签订了合同,合同采用固定总价 480 万元承包方式,合同工期为 145 天,并约定提前或逾期竣工的奖罚标准为 5 万元/天。

合同履行中出现了以下事件。

事件一:工程在施工 142 天后完工。

事件二:在工程装修阶段,乙方收到了经甲方确认的设计变更文件,调整了部分装修材料的品种和档次,乙方在施工完毕三个月后的预算中申报了该项设计变更增加费 80 万元,但遭到甲方拒绝。

问题:

1. 乙施工企业能拿到多少合同价款?

2. 事件二中,乙方申报设计变更增加费是否符合约定?结合合同变更条款说明理由。

(二) 某项目合同工程量为 1000 m^2,单价为 400 元/m^2,合同约定,工程量增减总量超过 10%时进行调价,调价系数为 1.1 或者 0.9,如果完成的工程量为①1200 m^2;②800 m^2,请分别计算结算价。

第十章

施工信息和档案管理

第一节　施工信息管理

据有关国际文献资料统计:装饰工程项目实施过程中存在的诸多问题,其中三分之二与信息交流(信息沟通)的问题有关;装饰工程项目10%～33%的费用增加与信息交流存在的问题有关;在大型装饰工程项目中,信息交流的问题导致工程变更和工程实施的错误占工程总成本的3%～5%。由此可见信息交流对项目实施的影响非常大。所谓信息交流(信息沟通)的问题指的是一方没有及时,或没有将另一方所需要的信息(如所需的信息的内容、针对性的信息和完整的信息),或没有将正确的信息传递给另一方。如设计变更没有及时通知施工方,导致返工;施工已产生了重大质量问题的隐患,而没有及时向有关技术负责人汇报等。以上列举的问题都会不同程度地影响项目目标的实现。

信息管理对于项目管理有着深远意义,我国实行项目管理近40年来,在工程实践中取得了不小的成绩,而在信息管理方面相对比较薄弱和落后。

一、信息管理的内涵　ONE

信息指的是用口头的方式、书面的方式或电子的方式传输(传达、传递)的知识、新闻,或可靠的、不可靠的情报。声音、文字、数字和图像等都是信息表达的形式。工程项目的实施需要人力资源和物质资源,信息资源也是项目实施的重要资源之一。装饰工程项目的信息包括在项目决策过程、实施过程(设计准备、设计、施工和物资采购过程等)和运行过程中产生的信息,以及其他与项目建设有关的信息,包括项目的组织类信息、管理类信息、经济类信息、技术类信息和法规类信息。

信息管理指的是信息传输的合理组织和控制。施工方在投标过程中、承包合同洽谈过程中、施工准备工作中、施工过程中、验收过程中,以及在保修期工作中形成大量的各种信息。这些信息不但在施工方内部各部门间流转,其中许多信息还必须提供给政府建设主管部门、业主方、设计方、相关的施工合作方和供货方等,还有许多有价值的信息应有序地保存,供其他项目施工借鉴。上述过程包含了信息传输的过程,由谁(哪个工作岗位或工作部门等)、在何时、向谁(哪个项目主管和参与单位的工作岗位或工作部门等)、以什么方式、提供什么信息等属于信息传输的组织和控制,这就是信息管理的内涵。信息管理不能简单地理解为仅对产生的信息进行归档和一般的信息领域的行政事务管理。为充分发挥信息资源的作用和提高信息管理的水平,施工单位和其项目管理部门都应设置专门的工作部门(或专门的人员)负责信息管理。

二、施工信息管理 TWO

工程项目信息管理的目的是通过项目信息传输的有效组织和控制为项目建设的增值服务。

（一）信息管理工作内容

工程项目的信息管理是通过对各个系统、各项工作和各种数据的管理，使项目的信息能方便和有效地获取、存储（存档是存储的一项工作）、处理和交流。

"各个系统"可视为与项目的决策、实施和运行有关的各系统。它可分为工程项目决策阶段管理子系统、实施阶段管理子系统和运行阶段管理子系统。其中实施阶段管理子系统又可分为业主方管理子系统、设计方管理子系统、施工方管理子系统和供货方管理子系统等。"各项工作"可视为与项目的决策、实施和运行有关的工作，如施工方管理子系统中的工作包括安全管理、成本管理、进度管理、质量管理、合同管理、信息管理、施工现场管理等。这些"数据"不仅指数字，在信息管理中，数据作为一个专门术语，还包括文字、图像和声音。在施工方项目信息管理中，各种报表、成本分析的有关数字、进度分析的有关数字、质量分析的有关数字、各种往来的文件、设计图纸、施工摄影和摄像资料、录音资料等都属于信息管理数据的范畴。

装饰工程项目信息可以按项目管理工作的对象、项目实施的工作过程、项目管理工作的任务和项目信息的内容属性进行分类。概括地讲，施工项目相关的信息管理工作包括以下内容。

(1) 公共信息：法律法规、规章、市场信息、自然条件；

(2) 工程总体信息：工程名称、装饰级别、参与单位、工程特点；

(3) 施工信息：施工记录、施工技术资料等；

(4) 项目管理信息：进度、成本、安全、竣工验收信息。

（二）信息管理工作任务

项目管理班子中各个工作部门的管理工作都与信息处理有关，而信息管理部门的主要工作任务包括以下几项。

(1) 负责编制信息管理手册，在项目实施过程中进行信息管理手册必要的修改和补充，并检查和督促其执行；

(2) 负责协调和组织项目管理班子中各个工作部门的信息处理工作；

(3) 负责信息处理工作平台的建立和运行维护；

(4) 与其他工作部门协同组织收集信息、处理信息，形成各种反映项目进展和项目目标控制的报表和报告；

(5) 负责工程档案管理等。

（三）信息管理工作流程

(1) 信息管理手册编制和修订的工作流程。

(2) 为形成各类报表和报告，收集信息、录入信息、审核信息、加工信息、传输和发布信息的工作流程。

(3) 工程档案管理的工作流程等。

（四）基于网络的信息管理

由于装饰工程项目大量数据处理的需要，在当今时代应重视利用信息技术的手段进行信息管理，其核心手段是建立基于网络的信息处理平台。信息处理已逐步向电子化和数字化的方向发展，但建筑业和基本建设领域的信息化已明显落后于许多其他行业，装饰工程项目信息处理基本上还在沿用传统的方法和模式，应采取措施，使信息处理由传统的方式向基于网络的信息处理平台方向发展，以充分发挥信息资源的价值，以及信息对项目目标控制的作用。通常情况下，装饰工程项目的业主方和项目参与各方往往分散在不同的地点，或不同的城市，或不同的国家，其信息处理通过远程数据通信的方式进行，效率大大提高。在国际上，许多装饰工程项目都专门设立信息管理部门(或称为信息中心),以确保信息管理工作的顺利进行;也有一些大型装饰工程项目专门委托咨询公司从事项目信息动态跟踪和分析,以信息流指导物质流,从宏观上对项目的实施进行控制。

三、工程管理信息化 THREE

信息化指的是信息资源的开发和利用,以及信息技术的开发和应用。信息化是继人类社会农业革命、城镇化和工业化的又一个新的发展时期的重要标志。工程管理信息化指的是工程管理信息资源的开发和利用,以及信息技术在工程管理中的开发和应用。工程管理信息化属于信息化领域的范畴,它和企业信息化也有联系。

在建设一个新的工程项目时,应重视开发和充分利用国内和国外同类或类似工程项目的有关信息资源。信息技术在工程管理中的开发和应用,包括在项目决策阶段的开发管理、实施阶段的项目管理和使用阶段的设施管理中开发和应用信息技术。

(一) 工程管理信息化的发展

自 20 世纪 70 年代开始,信息技术经历了一个迅速发展的过程,信息技术在装饰工程管理中的应用也有一个相应的发展过程。

(1) 20 世纪 70 年代,单项程序的应用,如工程网络计划的时间参数的计算程序、施工图预算程序等。

(2) 20 世纪 80 年代,程序系统的应用,如项目管理信息系统、设施管理信息系统(facility management information system,FMIS)等。

(3) 20 世纪 90 年代,程序系统的集成是随着工程管理的集成而发展的。

(4) 20 世纪 90 年代末至今,基于网络平台的工程管理。

(二) 工程管理信息资源的内容

(1) 组织类工程信息,如建筑业的组织信息、项目参与方的组织信息、与建筑业有关的专家信息等。

(2) 管理类工程信息,如与投资控制、进度控制、质量控制、合同管理和信息管理有关的信息等。

(3) 经济类工程信息,如建设物资的市场信息、项目融资的信息等。

(4) 技术类工程信息,如与设计、施工和物资有关的技术信息等。

(5) 法规类信息。

(三) 工程管理信息化的思路

(1) 以信息技术应用为导向。

(2) 以信息资源开发和利用为中心。

(3) 以制度创新和技术创新为动力。

(4) 以信息化带动工业化。

(5) 加快经济结构的战略性调整。

(6) 全面推动领域信息化、区域信息化、企业信息化和社会信息化进程。

(四) 工程管理信息化的意义

(1) 工程管理信息资源的开发和信息资源的充分利用,可吸取类似项目正反两方面的经验和教训,许多有价值的组织信息、管理信息、经济信息、技术信息和法规信息将有助于项目决策期多种可能方案的选择,有利于项目实施期的项目目标控制,也有利于项目建成后的运行。

(2) 通过信息技术在工程管理中的开发和应用还能实现:

① 信息存储数字化和存储相对集中。对比图 2-22 与图 2-23,利用计算机辅助建立工程项目管理信息系统(PMIS),它是项目进展高效的跟踪和控制系统。

② 信息处理和变换的程序化。

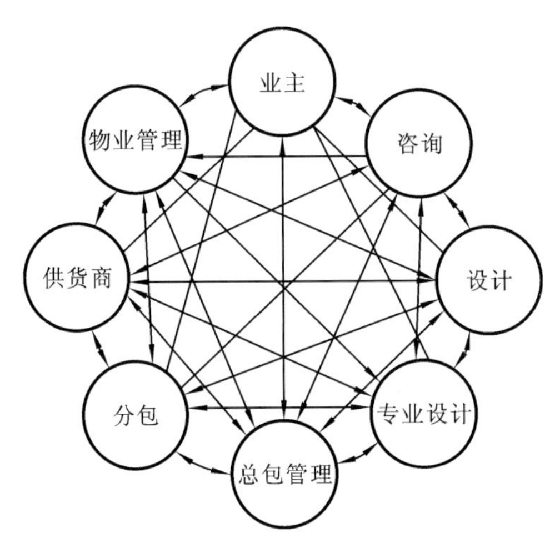

图 2-22 传统方式:点对点信息交流

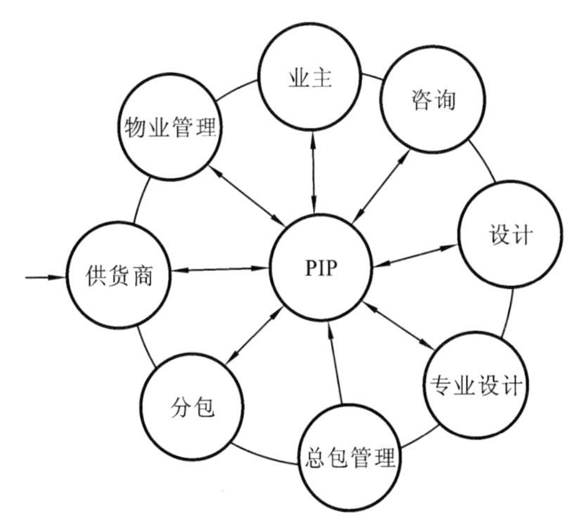

图 2-23 PIP:信息集中存储并共享

③ 信息传输的数字化和电子化。

④ 信息获取便捷。

⑤ 信息透明度提高。

⑥ 信息流扁平化。

(3) 信息技术在工程管理中的开发和应用的意义如下。

① “信息存储数字化和存储相对集中”有利于项目信息的检索和查询,有利于数据和文件版本的统一,并且有利于项目的文档管理。

② “信息处理和变换的程序化”有利于提高数据处理的准确性,并且可提高数据处理的效率。

③ “信息传输的数字化和电子化”可提高数据传输的抗干扰能力,使数据传输不受距离限制,并且可提高数据传输的保真度和保密性。

④ “信息获取便捷”、“信息透明度提高”和“信息流扁平化”有利于项目参与方之间的信息交流和协同工作。

(4) 工程管理信息化有利于提高装饰工程项目的经济效益和社会效益,以达到为项目建设增值的目的。

第二节 施工档案管理

装饰工程文件是反映装饰工程质量和工作质量状况的重要依据,是评定工程质量等级的重要依据,也是单位工程在日后维修、扩建、改造、更新的重要档案资料。

装饰工程文件一般分为四部分:工程准备阶段文档资料、监理文档资料、施工阶段文档资料和工程竣工文档资料。其中,施工阶段文档资料是档案资料的重要组成部分,是工程竣工验收的必要条件,也是全面反映工程质量状况的重要文档资料,主要包括施工技术管理资料、工程质量控制资料和工程质量验收资料。施工技术管理资料包括图纸会审记录资料、开工报告及相关资料、技术或安全交底记录文件、施工组织设计文件、施工日志记录文件、设计变更文件、工程洽商记录文件、工程测量记录文件、施工记录文件和工程竣工文件(包括竣工报告、竣工验收证明书和工程质量保修书)。

竣工图是工程竣工验收后,真实反映工程项目施工结果的图样。竣工图应由施工单位负责编制,如果按施工图施工没有变动,由竣工图编制单位在施工图上加盖并签署竣工图章;一般性变更、符合杠改或划改要求的变更,可在原图上更改,加盖并签署竣工图章;涉及结构形式、工艺、平面布置、项目等重大改变及图面变更面积超过 35%时,应重新绘制竣工图,加盖并签署竣工图章。

施工单位文档管理实行技术负责人负责制,施工总承包单位负责收集,汇总各分包单位的文档。

文档管理主要内容包括施工技术管理资料、质量控制资料、施工质量验收资料和竣工图。文档按保存期可分为永久文档、长期文档、短期文档;文档按密级可分为绝密文档、机密文档、秘密文档。

施工方文档整理齐备后要进行归档移交。归档指文件形成单位完成其工作任务后，将形成的文件整理立卷，按规定移交相关管理机构。归档文件必须为原文件。通常为施工单位收集、整理移交建设单位（建设、监理审查），建设单位保存一套，如有必要，再上交城建档案馆保存一套。

思考与练习

一、单选题

1. 装饰工程项目的实施需要人力资源、物质资源和（　　）资源等。

A. 成本　　B. 质量　　C. 信息　　D. 合同

2. 项目管理信息系统是基于计算机的项目管理的信息系统，主要用于项目的（　　）。

A. 信息检索和查询　　B. 目标控制

C. 人、财、物的管理　　D. 信息收集和存储

3. 投资控制属于工程管理信息资源的（　　）类工程信息。

A. 组织类　　B. 管理类　　C. 经济类　　D. 技术类

4. 在当今时代，应重视利用信息技术的手段进行建设工程项目信息管理，其核心手段是（　　）。

A. 编制统一的信息管理手册　　B. 制定统一的信息管理流程

C. 建立基于网络的信息沟通制度　　D. 建立基于网络的信息处理平台

5. 应重新绘制竣工图的情况是，涉及结构形式、工艺、平面布置、项目等重大改变及图面变更面积超过（　　）。

A. 20%　　B. 30%　　C. 35%　　D. 40%

6. 工程竣工文件作为工程施工技术管理资料的一部分，应包括竣工报告、竣工验收证明书和（　　）。

A. 隐蔽工程验收资料　　B. 工程施工质量验收资料

C. 工程质量保修书　　D. 工程质量控制资料

7. 装饰工程档案资料中最重要的部分是（　　）。

A. 工程准备阶段文档资料　　B. 监理文档资料

C. 施工阶段文档资料　　D. 工程竣工文档资料

8. 建设工程项目信息管理的最终目的是（　　）。

A. 通过项目信息收集的有效组织和控制为项目参与各方的沟通搭建平台

B. 通过项目信息传输的有效组织和控制为项目建设的增值服务

C. 通过项目信息存储的有效组织和控制为项目运行期的维护保养提供依据

D. 通过项目信息处理的有效组织和控制为项目业主方协调各方关系提供依据

9. 各项新建、扩建、改建、技术改造、技术引进项目竣工图的负责编制人应是（　　）。

A. 施工单位　　B. 设计单位　　C. 咨询单位　　D. 建设单位

二、多选题

1. 装饰工程项目信息可以按（　　）进行分类。

A. 项目管理工作的对象　　B. 项目负责人的资历　　C. 项目规模的大小

D. 项目管理工作的任务　　E. 项目信息的内容属性

2. 以下属于工程管理的信息资源的是（　　）。

A. 暴风雨气象信息　　B. 合同法增加条款

C. 地方发布的材料信息　　D. 物资采购行业规定

E. 业主方人事变动文件

3. 下列属于信息表达的形式的有（　　）。

A. 声音　　B. 图像　　C. 文字　　D. 数字　　E. 转达

4. 施工文件档案管理的内容主要包括四大部分,分别是(　　)。

A. 工程施工技术管理资料　B. 工程合同文档资料　C. 工程质量控制资料

D. 竣工图　E. 工程施工质量验收资料

5. 通过信息技术在工程管理中的开发和应用能够实现(　　)。

A. 点对点信息交流　B. 信息传输的数字化和电子化

C. 信息获取便捷　D. 信息存储相对集中

E. 信息处理个性化

6. 下列关于工程管理信息化的说法错误的是(　　)。

A. 工程管理信息化属于信息化领域的范畴

B. 工程管理信息化是指工程管理信息资源的开发和利用

C. 工程管理信息化是指信息技术在工程管理中的开发和应用

D. 工程管理信息化不包括项目使用阶段的设施管理中开发和应用信息技术

E. 工程管理信息化和企业信息化没有联系

第三部分

竣工验收及收尾

ZHUANGSHI
GONGCHENG
SHIGONG ZUZHI YU GUANLI

装饰工程竣工验收是装饰投资成果转入生产和使用的标志,也是施工项目管理的一项重要工作。装饰工程项目竣工验收的交工主体是承包人,验收主体是发包人。竣工验收的施工项目必须具备规定的交付竣工验收的条件。

一、竣工验收强制性规定　ONE

1. 装饰装修材料产生的环境污染物的控制种类

规范控制的室内环境污染物有氡、甲醛、氨、苯和挥发性有机化合物。民用建筑根据控制室内污染物的不同要求,划分为以下两类:一是环境污染物的浓度限量;二是无机非金属装饰材料放射性指标限量。

2. 室内装饰施工中选用材料的有关规定

所使用的装饰材料,如人造板材、石材、水性涂料、水性粘结剂、处理剂等必须合格,并保留相关测试文件。

3. 装饰施工及环境质量验收的强制性条文和有关规定

这主要有装饰装修材料质量验收强制性条文和有关规定,装饰装修工程施工与工程质量验收强制性条文和有关规定,抹灰、门窗、吊顶、饰面板(砖)及细部工程质量验收强制性条文和有关规定。

二、竣工验收的依据　TWO

竣工验收的依据是经批准的设计文件、施工图、设计变更通知书、设备技术说明书、有关装饰工程施工文件,以及现行的施工技术验收规范、双方签订的施工承包合同、协议及其他文件等。竣工验收前应具备如下条件:

(1) 完成装饰工程设计和合同规定的内容;

(2) 有完整的技术档案和施工管理资料;

(3) 有工程使用的主要装饰材料、装饰结构配件和设备的进场试验报告;

(4) 有设计、施工、监理等单位分别签署的质量合格文件;

(5) 有施工单位签署的装饰工程保证书。

三、竣工验收的内容　THREE

竣工验收的关键是技术措施。项目经理部必须严格贯彻执行质量检验的有关规定,在抓好施工过程质量控制的基础上,整理、汇总所有过程控制验收资料,完成最终的竣工验收评定工作。需要验收或复验的工作内容如下。

(1) 抹灰工程:材料复验、工序交接检验、隐蔽工程验收。

(2) 门窗工程:应对部分材料及其性能指标进行复验,如人造木板的甲醛含量,隐蔽工程的防腐、填嵌处理。

(3) 吊顶工程:需要复验的隐蔽工程有木龙骨防火、防腐处理,预埋件和拉结筋处理,吊杆安装,龙骨安装,填充材料的设置。

(4) 轻质隔墙工程:隔墙中设备管线的安装及水管试压,木龙骨防火、防腐处理,预埋件和拉结筋处理,吊杆安装,龙骨安装,填充材料的设置。

(5) 饰面板(砖)工程:室内用花岗岩(大于 200 m^2)的放射性指标,粘贴用水泥的凝结时间、稳定性和抗压强度。

(6) 地面工程:按国家现行标准复验,地面防水检查要做1~2次蓄水试验。

其余如涂饰工程、裱糊工程等在过程验收资料合格、完备的基础上通过目测复验。

四、竣工验收的方法 FOUR

装饰工程竣工验收的方法主要有三种,即表观质量验收、量化验收和专业第三方检测。表观质量验收指通过目测、手感来验收工程质量;量化验收指通过检测工具现场实测实量进行验收;专业第三方检测通常指工程交付前委托专业机构进行室内空气质量检测。具体做法如下。

(一) 涂料工程

(1) 表面平整度、墙面垂直度、顶棚表面平整度、阴阳角方正的检测方法与抹灰工程的检测方法相同。

(2) 顶棚(吊顶)水平度:每一个房间作为1个实测区,使用激光扫平仪,在实测房间内打出一条水平基准线,在同一顶棚(吊顶)内距天花线30 cm处选取4个角点,以及几何中心位(若板的单侧跨度较大,可在中心部位增加1个测点),分别测量出与水平基准线之间各5段垂直距离。以最低点为基准,计算另外四点与最低点之间的偏差,最大偏差≤10 mm时,以5个偏差值(基准点偏差值以0计)的实际值作为判断该组实测指标合格率的计算点,每组作为判断该实测数据合格率的一个计算点。

(3) 空鼓:采用空鼓锤轻敲。每个房间作为1个实测区,标准为无空鼓。

(4) 踢脚线部位的墙面平整度:每一面墙的踢脚线部位作为1个实测区,所有实测区全检,每一个实测值作为一个实测区计算点,每一个实测区作为计算合格率的一个计算点。测量方法同墙面平整度。

(二) 墙砖或石材铺贴工程

(1) 表面平整度、墙面垂直度、阴阳角方正的检测方法与抹灰工程的检测方法相同。

(2) 空鼓:用小锤轻敲所有墙面。每个房间作为1个实测区,标准为无空鼓。

(3) 接缝高低差:每一套房内厨房、卫生间、阳台或露台的墙面都可作为1个实测区。

(4) 砖缺棱掉角、釉面跳瓷、石材断裂:所选户型内有饰面砖墙面的厨房、卫生间等,每一个自然间的任何一面墙都可作为1个实测区,采用目测方式,所选套房内所有墙体全检,1个实测区的实测值作为1个实测合格率计算点。

(5) 接缝直线度:采用激光扫平仪和卷尺进行测量,所选户型内有饰面砖墙面的厨房、卫生间等,每一个自然间的任何一面墙都可作为1个实测区,所选套房内所有墙体全检,1个实测区的实测值作为1个实测合格率计算点。

(三) 地砖或石材铺贴工程

(1) 表面平整度:地漏的汇水区域不测饰面砖的地面表面平整度,每一个功能房间的饰面砖地面都可以作为1个实测区,所有实测区全测。每一个功能房间的地面(不包括厨房、卫生间地面)的4个角部区域,任选2个角,按与墙面夹角45°平放靠尺共测量2次。客厅餐厅或较大房间地面的中部区域需加测1次。将2或3次实测值作为判断该实测区的2或3个计算点。每个实测区作为判断该指标合格率的一个计算点。

(2) 接缝高低差:每一个功能房间的饰面砖地面都可以作为1个实测区,在每一饰面砖地面目测选取2条疑似高低差最大的饰面砖接缝,用钢尺或其他辅助工具紧靠相邻两个饰面砖跨过接缝,用0.5 mm钢塞片插入钢尺与饰面砖之间的缝隙。如能插入,则该测量点不合格;反之,则该测量点合格。合格点记录为0.4,不合格点记录为0.6。2条接缝高低差的测量值,作为判断该实测区的2个计算点。每个实测区作为判断该实测指标合格率的一个计算点。

(3) 空鼓:饰面砖地面空鼓(单块砖边角局部空鼓,且每个自然间不超过总数5%的可不计)。实测时,厨房和卫生间内墙面测量部位需完成贴砖工程,所选户型内有饰面砖地面的每一个自然间,如厨房、卫生间等,都作为1个实测区,每个实测区作为判断该实测指标合格率的一个计算点。

(4) 砖缺棱掉角、釉面跳瓷、石材断裂和接缝直线度验收方法同墙砖验收方法。

(四) 室内门工程

(1) 门框的正、侧面垂直度:将 2 m 靠尺分别紧贴在门套正面、门框侧面,调整靠尺至纵向垂直(摆动指针时能够自由摆动),待指针停止摆动时读取对应数据。

(2) 门扇与地面留缝宽度:关闭门扇,将塞尺指针滑板退后并塞入门扇与地面的最大缝隙处,至塞尺与门扇完全结合时,推动塞尺指针滑板至门扇,拔出塞尺并读取对应数据。

(五) 墙纸粘贴

墙纸粘贴要求无明显接缝、起皮。每一个粘贴墙纸的墙面均可作为 1 个实测区。每一个实测区作为判断该指标合格率的一个计算点。

(六) 木地板铺装

(1) 表面平整度:每一个功能房间的木地板地面都可以作为 1 个实测区,任选同一个功能房间地面的 2 个对角区域,按与墙面夹角 45°平放靠尺测量 2 次,加上房间中部区域测量 1 次,共测量 3 次,客厅、餐厅或较大房间地面的中部区域需加测 1 次。测量 3 或 4 个数据作为该实测区的计算点。每个实测区作为判断该指标合格率的一个计算点。

(2) 地板表面水平度:每一个功能房间的木地板地面都可以作为 1 个实测区,使用激光扫平仪,在实测房间内打出一条水平基准线,在同一个实测区地面的四个角距地脚边线 30 cm 内各取 1 点,在地面几何中心位选取 1 点,分别测量出地板与水平基准线之间的 5 个垂直距离,作为该实测区的计算点。每个实测区作为判断该实测指标合格率的一个计算点。

(3) 踢脚板顶角线沿口平直度:该指标宜在装修收尾阶段测量,每一个连续的踢脚线直线段作为 1 个实测区,分别在该踢脚线左、右及中间各测量 1 次,共计 3 次,作为该实测区的实测数据。每个实测区作为判断该指标合格率的一个计算点。

(4) 踢脚线与面层间的缝隙:每一个连续的踢脚线直线段作为 1 个实测区,在同一个实测区内目测选取 2 个疑似最大缝隙的部位,以 1 mm 厚度的钢塞片逐次插入 2 个缝隙,不合格点均按 1.1 mm 记录,合格点均按 0.9 mm 记录。两个实测数据作为该实测区的实测数据。每个实测区作为判断该指标合格率的一个计算点。

五、竣工验收 FIVE

1. 竣工验收的准备

参与工程建设的各方均应做好竣工验收的准备工作。分项工程质量验收是评定工程质量等级的基础。工程完工后,在班组自检的基础上,由项目部技术主管组织质量检查员、施工队负责人、工长、班组长共同检查验收,合格后由质量检查员填报分项工程质量检验评定表,核定质量等级。达不到合格标准或未达到预期等级的应进行返工,达到合格标准前不得进行下道工序的施工。

2. 初步验收(预验收)

施工单位在自检合格的基础上,填写工程竣工报验单,并将全部资料报送监理单位,申请竣工验收。监理单位根据施工单位报送的工程竣工报验申请,由总监理工程师组织专业监理工程师,对竣工资料进行审查,并对工程质量进行全面检查,对检查中发现的问题督促施工单位及时整改。经监理单位检查验收合格后,由总监理工程师签署工程竣工报验单,并向建设单位提交质量评估报告。初步验收合格后,向发包人发出预约竣工验收通知书,说明拟交工程项目情况,商定有关竣工验收事宜。

3. 正式验收

项目主管部门或建设单位在接到监理单位的质量评估报告和竣工报验单后，经审查，确认符合竣工验收条件和标准，即可组织正式验收。

竣工验收由建设单位组织，验收组由建设、设计、施工、监理和其他有关方面的专家组成，验收组可下设若干个专业组。建设单位应当在工程竣工验收7个工作日前将验收的时间、地点以及验收组名单书面通知当地工程质量监督站。

4. 工程竣工验收

参与工程竣工验收的建设、设计、施工、监理等各方不能形成一致意见时，应当协商提出解决方法，待意见一致后，重新组织工程竣工验收，必要时可提请建设行政主管部门或质量监督站调解。

正式验收完成后，验收委员会应形成竣工验收鉴定证书，对验收做出结论，施工企业或项目管理部门应向业主提交工程竣工验收报告，并确定交工日期及办理承发包双方工程价款的结算手续等。

六、装饰工程验收移交 SIX

在装饰工程施工任务完成后，项目经理部应编制详细的竣工收尾工作计划，并严格按照计划组织实施工程验收准备工作，及时沟通协助验收。待全部竣工计划项目完成，达到竣工验收条件，且工程自检合格，中间验收检查资料齐全，室内材料清楚，工程技术经济文件收集整理齐全后，装饰工程可移交发包人。

竣工验收在工程质量、室内空气质量及经济方面存在个别问题且不涉及较大问题时，经双方协商一致签订解决竣工验收遗留问题协议(作为竣工验收单附件)后可先行入住。

工程竣工验收报告应在项目有关管理人员和相关组织签字盖章后归入工程档案，其他工程文件也应按《建设工程文件归档规范》(GB/T 50328—2014)和《科学技术档案案卷构成的一般要求》(GB/T 11822—2008)等要求进行归档。移交的工程文件应与编制的清单目录一致，交接时也应按照相关规定签字。

七、项目后续工作 SEVEN

在一般情况下，工程自验收合格双方签字之日起，在正常使用条件下，装饰装修工程质量保修期限为两年。

装饰工程竣工结算的编制、审查和确定应符合《建筑工程施工发包与承包计价管理办法》的要求，项目经理部编制好竣工结算文件与竣工验收报告一起交给业主，双方在规定的时间内进行竣工结算核实，若有不同意见，应及时协商沟通，按照约定的方式进行修改，达成共识。

项目结束后，项目回访和质量保修应纳入项目经理部的质量管理体系，要完善质量回访制度，回访和保修工作的计划要形成文件，每次回访要有记录，并对质量保修进行验证，回访记录应包含使用者对质量的反馈意见。

思考与练习

一、单选题

1. (　　)在接到监理单位的质量评估报告和竣工报验单后，经审查，确认符合竣工验收条件和标准，即可组织正式验收。

A. 监理单位　　B. 项目主管部门或建设单位

C. 行政主管部门　　D. 承包人

2. 某酒店大量采用大理石装修，下列需要检测放射性指标的是(　　)。

A. 面积 40 m^2 的包间 B. 面积 30 m^2 的客房
C. 面积 110 m^2 的会议室 D. 面积 260 m^2 的大厅

3. 施工企业或项目管理部门应向业主提交(　　),并确定交工日期及办理承发包双方工程价款的结算手续等。

A. 工程竣工验收鉴定证书 B. 工程结算资料
C. 质量保修书 D. 工程竣工验收报告

4. 卫生间防水检测通常采用(　　)方式。

A. 蓄水试验 B. 尺量 C. 检查施工记录 D. 观察

5. 在一般情况下,工程自验收合格双方签字之日起,在正常使用条件下,装饰装修工程质量保修期限为(　　)年。

A. 1 B. 2 C. 3 D. 5

6. 在装饰工程施工任务完成后,(　　)应编制详细的竣工收尾工作计划。

A. 监理单位 B. 装饰公司 C. 项目经理部 D. 发包人

二、多选题

1. 下列属于竣工验收前应具备的条件的是(　　)。

A. 完成装饰工程设计和合同规定的内容 B. 有完整的技术档案和施工管理资料
C. 有施工单位签署的装饰工程保证书 D. 有完整的竣工决算单据
E. 有工程使用的主要装饰材料、装饰结构配件和设备的进场试验报告

2. 下列属于竣工验收依据的是(　　)。

A. 施工技术验收规范 B. 设计文件 C. 竣工图
D. 工程施工文件 E. 施工承包合同

3. 门窗工程应对部分材料及其性能指标进行复验的有(　　)。

A. 基层防潮处理 B. 隐蔽工程的防腐处理
C. 隐蔽工程的填嵌处理 D. 人造木板的甲醛含量
E. 预埋件和拉结筋

4. 下列关于建设工程项目施工质量验收的表述中,正确的有(　　)。

A. 工程质量验收均应在施工单位自行检查评定的基础上进行
B. 参加工程施工质量验收的各方人员由政府部门确定
C. 工程外观质量通过现场检查后由质量监督机构确认
D. 隐蔽工程应在隐蔽前由施工单位通知有关单位进行验收,并形成验收文件
E. 单位工程施工质量验收应该符合相关验收规范

5. 装饰工程项目施工质量检查验收时,应重点检查的施工质量保证资料包括(　　)。

A. 施工日志 B. 施工检测资料 C. 测量复核资料
D. 工地施工例会会议纪要 E. 原材料检测资料

6. 地砖铺贴工程需要验收的项目有(　　)。

A. 石材断裂 B. 接缝高低差 C. 空鼓
D. 阴阳角方正 E. 表面平整度

ZHUANGSHI GONGCHENG SHIGONG ZUZHI YU GUANLI

CANKAO WENXIAN

[1] 江苏省住房和城乡建设厅.江苏省建筑与装饰工程计价定额[M].南京:江苏凤凰科技出版社,2014.

[2] 全国二级建造师执业资格考试用书编写委员会.建设工程施工管理[M].北京:中国建筑工业出版社,2015.

[3] 全国一级建造师执业资格考试用书编写委员会.装饰装修工程管理与实务[M].北京:中国建筑工业出版社,2004.

[4] 武佩牛.建设工程项目管理[M].北京:机械工业出版社,2008.

[5] 平国安.装饰工程项目管理教程[M].沈阳:辽宁美术出版社,2010.

[6] 刘美英,蔺敬跃.室内装饰工程造价[M].2版.武汉:华中科技大学出版社,2016.

[7] 刘美英.室内装饰材料与构造[M].2版.武汉:华中科技大学出版社,2016.